中国高等学校计算机科学与技术专业（应用型）规划教材

丛书主编 陈明

Flash动画设计与制作

王欣　王然　编著

清华大学出版社

北京

内 容 简 介

　　Flash 是美国的 MACROMEDIA 公司于 1999 年 6 月推出的优秀网页动画设计软件,是著名的网页制作"三剑客"软件之一。它是一种交互式动画设计工具,可以将音乐、声效、动画以及富有新意的界面融合在一起,以制作出高品质的网页动态效果。另外,还可以与 JS 等结合进行编程,进行交互性更强的控制。Flash 最常用的应用是网页动画,目前最新版本是 Flash CS5。

　　本书的内容包括 Flash 概述、绘制图形、颜色和渐变、创建和编辑文本、TLF 文字、处理图形对象、使用元件和库、基础动画设计、高级动画技巧、声音的控制、视频处理、脚本基础和实例、发布影片等。

　　通过本书的学习,读者可以了解 Flash 动画制作的知识,掌握利用 Flash 进行动画制作的方法,培养实际工作的能力。

图书在版编目(CIP)数据

Flash 动画设计与制作/王欣,王然编著. —北京: 清华大学出版社,2011.10
(中国高等学校计算机科学与技术专业(应用型)规划教材)
ISBN 978-7-302-25302-0

Ⅰ. ①F…　Ⅱ. ①王…　②王…　Ⅲ. ①动画制作软件,Flash-高等学校-教材
Ⅳ. ①TP391.41

中国版本图书馆 CIP 数据核字(2011)第 065653 号

责任编辑: 谢　琛　李玮琪
责任校对: 梁　毅
责任印制: 李红英

出版发行:	清华大学出版社	地　　址:	北京清华大学学研大厦 A 座
	http://www.tup.com.cn	邮　　编:	100084
社　总　机:	010-62770175	邮　　购:	010-62786544
投稿与读者服务:	010-62795954,jsjjc@tup.tsinghua.edu.cn		
质　量　反　馈:	010-62772015,zhiliang@tup.tsinghua.edu.cn		
印　装　者:	北京鑫海金澳胶印有限公司		
经　　销:	全国新华书店		
开　　本:	185×260　　印　张: 10.5	字　数:	261 千字
版　　次:	2011 年 10 月第 1 版	印　次:	2011 年 10 月第 1 次印刷
印　　数:	1～4000		
定　　价:	20.00 元		

产品编号: 036460-01

编委会

序言

应用是推动学科技术发展的原动力,计算机科学是实用科学,计算机科学技术广泛而深入地应用推动了计算机学科的飞速发展。应用型创新人才是科技人才的一种类型,应用型创新人才的重要特征是具有强大的系统开发能力和解决实际问题的能力。培养应用型人才的教学理念是教学过程中以培养学生的综合技术应用能力为主线,理论教学以够用为度,所选择的教学方法与手段要有利于培养学生的系统开发能力和解决实际问题的能力。

随着我国经济建设的发展,对计算机软件、计算机网络、信息系统、信息服务和计算机应用技术等专业技术方向的人才的需求日益增加,主要包括软件设计师、软件评测师、网络工程师、信息系统监理师、信息系统管理工程师、数据库系统工程师、多媒体应用设计师、电子商务设计师、嵌入式系统设计师和计算机辅助设计师等。如何构建应用型人才培养的教学体系以及系统框架,是从事计算机教育工作者的责任。为此,中国计算机学会计算机教育专业委员会和清华大学出版社共同组织启动了《中国高等学校计算机科学与技术专业(应用型)学科教程》的项目研究。参加本项目的研究人员全部来自国内高校教学一线具有丰富实践经验的专家和骨干教师。项目组对计算机科学与技术专业应用型学科的培养目标、内容、方法和意义 ,以及教学大纲和课程体系等进行了较深入、系统的研究,并编写了《中国高等学校计算机科学与技术专业(应用型)学科教程》(简称《学科教程》)。《学科教程》在编写上注意区分应用型人才与其他人才在培养上的不同,注重体现应用型学科的特征。在课程设计中,《学科教程》在依托学科设计的同时,更注意面向行业产业的实际需求。为了更好地体现《学科教程》的思想与内容,我们组织编写了《中国高等学校计算机科学与技术专业(应用型)规划教材》,旨在能为计算机专业应用型教学的课程设置、课程内容以及教学实践起到一个示范作用。本系列教材的主要特点如下:

(1) 完全按照《学科教程》的体系组织编写本系列教材,特别是注意在教材设置、教材定位和教材内容的衔接上与《学科教程》保持一致。

(2) 每门课程的教材内容都按《学科教程》中设置的大纲精心编写,尽量体现应用型教材的特点。

(3) 由各学校精品课程建设的骨干教师组成作者队伍,以课程研究为基础,将教学的研究成果引入教材中。

(4) 在教材建设上,重点突出对计算机应用能力和应用技术的培养,注重教材的实践性。

(5) 注重系列教材的立体配套,包括教参、教辅以及配套的教学资源、电子课件等。

高等院校应培养能为社会服务的应用型人才,以满足社会发展的需要。在培养模式、教学大纲、课程体系结构和教材都应适应培养应用型人才的目标。教材体现了培养目标和育人模式,是学科建设的结晶,也是教师水平的标志。本系列教材的作者均是多年从事计算机科学与技术专业教学的教师,在本领域的科学研究与教学中积累了丰富的经验,他们将教学研究和科学研究的成果融入教材中,增强了教材的先进性、实用性和实践性。

目前,我们对于应用型人才培养的模式还处于探索阶段,在教材组织与编写上还会有这样或那样的缺陷,我们将不断完善。同时,我们也希望广大应用型院校的教师给我们提出更好的建议。

《中国高等学校计算机科学与技术专业(应用型)规划教材》主编

2008 年 7 月

前言

Flash 动画的应用十分广泛,凭借其自身的诸多优点,它已经在网络广告、影视制作、游戏软件开发等领域取得了巨大的成功,目前在互联网上 75% 以上的视频资源采用的均是 Flash 格式。2010 年 4 月,Adobe 公司发布了 Flash CS5。

本书从基本技术知识入手,结合动画制作案例及编者在动画设计领域的经验,介绍了 Flash 动画设计制作的方法与技巧。本书实例的选择注重实用性、趣味性和代表性,无论是专业设计人士,还是对动画设计感兴趣的初学者,都能从本书中学到知识、经验、技巧。本书的实例以知识点为独立单元,学习者可以针对需要的知识点直接学习。

全书共 13 章。其中,第 1 章 Flash 概述,主要介绍 Flash 的发展史及 Flash 新增功能,以及 Flash CS5 的界面以及动画基础知识,让读者对 Flash 有一个初步的了解;第 2 章绘制图形,介绍 Flash 的图形绘制工具,以及对图形的简单的编辑;第 3 章颜色和渐变,介绍颜色模式和颜色工具,以及渐变操作和一些面板的作用;第 4 章创建和编辑文本,简单地介绍对传统文本的操作;第 5 章 TLF 文字,TLF 文字是 Flash 中新的文字处理模块,本章介绍对文字的更细微更高级的编辑;第 6 章处理图形对象,主要介绍一些图形的排版、编辑等操作;第 7 章使用元件和库,详细介绍三种元件和库的定义,并且给出使用方法;第 8 章基础动画设计和第 9 章高级动画技巧,介绍动画设计的基本知识,为读者学习第 12 章的内容打下基础;第 10 章声音的控制,介绍 Flash CS5 支持的声音类型,以及声音文件的加入和设置;第 11 章视频处理,主要介绍视频的导入和输出,以及嵌入式视频的控制;第 12 章脚本基础和实例,简单介绍 ActionScript 3.0 语法特点和 ActionScript 编辑器的使用,并给出例子使用 ActionScript 控制影片剪辑以及分配动作的例子;第 13 章发布影片,包含影片的测试、播放、发布以及影片优化等内容。

本书实例的选择注重实用性、趣味性和代表性,读者可以从实例入手,对知识和技巧进行学习。本书内容简单、全面,素材完整,既适合 Flash 初学者和 Flash CS5 工具的初级使用用者使用,也适合 Flash 高级用户使用。

本书由吉林大学王欣和中央广播电视大学王然共同编写。在编写过程中,得到了李俊杰、赵连义、高焕玉等的支持和帮助,他们提供了图片、素材、实例等资料,在此表示衷心的感谢。

由于编者水平有限,在编写过程中难免出现一些失误、错误,恳请专家、同行与广大读者批评指正。

编　者

2010 年 11 月 1 日

目录

第 1 章　Flash 概述

　　Flash 动画是一种基于矢量图形的动画,这种动画采用流式技术在网上传播,可以在下载的过程中播放动画文件。Flash 动画的应用十分广泛,凭借其自身诸多优点,它已经在网络广告、影视制作、游戏软件开发等领域取得了巨大的成功,目前,互联网上 75％以上的视频资源采用的均是 Flash 格式。2010 年 4 月,Adobe 公司发布了 Flash CS5。Flash CS5 在界面上有很多的变化,在功能上也有很大的进展。本章将介绍 Flash 动画制作的初步知识,重点介绍以下内容:

- Flash 的历史和概述;
- Flash 界面概览;
- 动画基础知识及创作流程;
- Flash 文件的基本操作。

1.1　Flash 的历史和概述

1.1.1　Flash 之父——乔纳森·盖伊

　　Flash 的创始人被称为"Flash 之父"的乔纳森·盖伊,在孩童的时候就沉迷于建筑设计,整天坐在桌前写写画画。不久,他便不满足于在纸上写写画画,利用自己手中的苹果电脑开始了 BASIC 编程。一天,他突发奇想:"如果通过程序设计,电脑能把人的设计思维以图形等形式表现出来,还能按照自己的设计在电脑上显示,该多好呢!"之后,乔纳森·盖伊便开始了他的动画创作历程。为了探索计算机是如何按照自己的设计来运行的,他使用 BASIC 编程来进行游戏开发。经过不懈的努力,乔纳森·盖伊终于成功了,而且在这个过程中,他放弃了功能弱小的 BASIC 编程,转向了高级语言 Pascal。进入高中以后,他又设计出了同步声音和平滑图像游戏——"空降兵"和"黑暗城堡"。在这些游戏开发的过程中,乔纳森·盖伊积累了丰富的声音、图像经验,这为他日后设计 Flash 软件打下了坚实的基础。1993 年,他成立了 Future Wave 软件公司,致力于图像方面的研究工作。1995 年,随着互联网 Web 应用的蓬勃兴起,人们对图像和动画的需求越来越强烈,因此乔纳森·盖伊加大了对 Future Wave 软件的开发和研究,试图在动画效果方面改进 Future Wave 软件。最后,乔纳森·盖伊将改进的 Future Wave 正式定名为 Future Splash Animator,这便是现在 Flash 真正的前身。

1.1.2 Flash 历史简介

Flash 最早的版本称为 Future Splash Animator。1996 年 11 月，Future Wave 软件公司被 Macromedia 公司收购，并且 Macromedia 公司将 Future Splash Animator 正式更名为 Flash 1.0，从此 Flash 迈出了它前进的脚步。

随后 Macromedia 公司在 1997 年 6 月推出了 Flash 2.0，并引入了库的概念。在 1998 年 5 月推出了 Flash 3.0，但这些早期版本的 Flash 使用的播放器都是 Shockwave。1999 年 6 月，Flash 进入了 4.0 时代。从这开始，Flash 开始有了自己的播放器，被称为 Flash Player，但是为了保持向下相容性，Flash 仍然沿用了原有的扩展名：.SWF（Shockwave Flash）。2000 年 8 月，Macromedia 又推出了 Flash 5.0，在这个版本中，ActionScript 有了长足的进步，并且开始了对 XML、Java、Smart Clip（智能影片剪辑）、HTML 文本格式的支持。

2002 年 3 月，Macromedia 推出了 Flash MX 版本，这不仅仅是一次革命性的升级，更是 Macromedia 重大演变中的一部分，尤其是 2003 年 3 月推出的 Flash MX 2004，更是增加了许多新的功能，包括对移动设备和手机、Pocket PC 的支持，对 HTML 教程文本中内嵌图像和 SWF 的支持；对 Adobe PDF 及其他文档的支持等。

此后时隔两年，于 2005 年 10 月，Macromedia 再次推出了 Flash 8.0，它增强了对视频的支持，可以打包成 Flash 视频文件，即 .flv 文件。也是在 2005 年，Adobe 公司以 34 亿美元的天价并购了 Macromedia 公司，从此 Flash 便冠上了 Adobe 的名头，不久 Adobe 公司便相继推出了 Flash CS3、Flash CS4 版本。这两个版本无论是在界面上，还是在功能上都有了很大的变化。目前，Flash 最新的版本是 Adobe 公司于 2010 年 4 月推出的 Flash CS5，它继承了 Flash CS4 的风格，但也有许多变化。

1.1.3 Flash CS5 的新特性

作为 Adobe 公司推出的新一代设计开发软件套装 Creative Suite 5 的主要组件之一，Flash CS5 可以制作出各种风格的网络动画、动画短片、多媒体作品和交互式游戏，还可以进行三维动画的编辑和控制。同 Flash CS4 相比，Flash CS5 增加了许多功能。

1. 与其他 CS 软件相比有更好的整合协作性

在 Flash CS5 中，Flash 项目的存储可以完全基于 XML，这样在 Photoshop、Illustrator、InDesign 和 Flash Builder 等 Adobe Creative Suite 组件之间的沟通（如图 1-1 所示）将变得更加顺畅。

图 1-1　各组件沟通

2. 全新的文字引擎

Flash CS5 中新增的 TLF（Text Layout Framework，文字排版框架）文字引擎提供专业级的排版印刷效果，全面提升了文字编排功能，包括垂直文本、外国字符集、间距、缩进、列及优质打印等。新排版如图 1-2 所示。

3. 新增代码片段功能

Flash CS5 中新增代码片段功能使用户可以将自己编写的代码创建成代码片段，如图

1-3 所示。此外,用户还可以通过导入/导出以便在别的地方重用自己定义的代码片段。代码片段功能避免重复输入例行代码,大大提高了程序的编写效率。

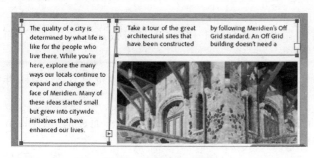

图 1-2　新排版示意图

图 1-3　【代码片段】面板

4. 增强 ActionScript 编辑器代码提示功能

在 Flash CS5 中,进一步完善了 ActionScript 编辑器代码提示功能,使代码提示更加智能化、规范化。具体增强的功能包括对自定义的类提供了代码提示功能,对类、方法、属性、事件都有不同的图标来辅助识别。上述改进可以提高 Flash CS5 的编程效率,加快开发进度。

5. 增强的视频流媒体控制能力

Flash CS5 增强了视频流媒体控制能力,并且使 cue point 的编辑更加的方便,这样当视频播放到 cue point 时,视频可以跳转到相应的网页或广告,使观看者接收到一定的信息。

6. 增强 Deco 工具图案笔刷特效

在 Flash CS5 中,Deco 工具新增了三维空间笔刷效果、静态图案笔刷效果,以及动态笔刷效果,可以方便地实现如树、闪电、火焰等特效。图 1-4 所示的是利用 Deco 工具中的建筑物刷子和树刷子绘制的效果。

图 1-4　Deco 工具简例图

7. 增强骨骼动画属性

在 Flash CS5 中,为骨骼动画增加了弹簧和阻尼特效,方便用户创建出更逼真的反向运动效果,如带阻尼衰减的乒乓球落地运动。

8. 新增多种发布形式

Flash CS5 支持一次创建、任意发布的功能。它可以方便地发布为富媒体应用程序(富媒体包括多媒体(二维和三维动画、影像及声音)、HTML、Java scripts、Interstitial 间隙窗口、Microsoft Netshow、RealVideo 和 RealAudio、Flash 等),还可以方便地输出 iPhone 等手机设备应用程序或是游戏。

1.1.4　Flash 的特点

和其他动画作品相比,Flash 动画主要具有以下特点:

(1) 应用范围广:Flash 动画可以被广泛应用在游戏、网页制作、动画、情景剧、音乐电视和多媒体课件等领域,也可以制作成多媒体光盘。

（2）图形质量高：Flash 动画中的对象主要是矢量图形,而矢量图形可以无限地放大却不影响其观赏效果。

（3）下载速度快：Flash 动画采用流式技术在网上传播,人们可以边下载边观看,而不必等待动画全部下载完毕后再观看。

（4）插件小：Flash 播放器的容量小,比如说 Flash Player 1.0 的容量只有 2.7MB,非常方便下载和安装。

（5）动画文件小：由于 Flash 动画是采用补间动画形式和元件制作而成的,故 Flash 动画的数据量很小。

（6）普及性强：Flash 动画的制作软件简单易学,容易上手,所以能使相当多的爱好者参与动画设计,创作出各种动画作品。

（7）很好的可扩展性：Flash 可以插入 MP3、AVI 音乐等,还可以通过第三方开发的 Flash 插件程序来实现一些以往需要非常烦琐的操作才能实现的功能,从而提高了 Flash 动画制作的效率。

1.1.5　Flash 软件的应用领域

Flash 被称为是“最为灵活的前台”,由于其独特的时间片段分割和重组技术,结合 ActionScript 的对象和流程控制,使得灵活的界面设计和动画设计成为可能,同时它也是最为小巧的前台。Flash 具有跨平台的特性,无论处于何种平台,只要安装了 Flash Player,就可以保证最终显示效果的一致性。Flash 的应用领域正在不断扩大,在现阶段,主要包括以下几个方面：网络视频播放、制作游戏、多媒体教学、制作电子贺卡、Flash 相册、产品展示、网页广告和搭建 Flash 动态网站。

1. 网络视频播放

因为网络传输速度的限制,在互联网上不适合一次性地传送大量的视频数据,只有逐帧传送实时播放的数据才能在最短的时间内播放完所有的内容。由于 Flash 动画文件采用了流媒体方式在网络上传输,因此被广泛应用于网络视频领域,图 1-5 显示的是一个正在播放音乐的视频网页。

2. 制作游戏

利用 Flash 制作的游戏具有很强的交互性,因此它可以同观众进行互动。随着编程语言 ActionScript 3.0 的发展,其性能更强、灵活性更大、执行速度也越来越快,可以利用 Flash 制作出多种有趣的 Flash 游戏,如图 1-6 所示。

3. 多媒体教学

使用 Flash 多媒体课件,通过图形、图像、声音、动画效果来表现教学内容,是取得良好教学效果的实用手法之一。Flash 多媒体课件可以提高教学内容的表现力和感染力,向学习者提示各种教学信息;还能用于对学习过程进行诊断、评价、引导;对于提高学习积极性和有效控制学习过程都有着不错的效果。图 1-7 所示的是煤矿安全教学 Flash 课件。

图 1-5　视频播放

图 1-6　Flash 游戏

图 1-7　Flash 课件

4. 制作电子贺卡

　　Flash 电子贺卡不但具有生动的动画效果,也可以添加文字和声音效果,是表达对亲人和朋友美好祝愿的最佳方式之一,如图 1-8 所示。

5. Flash 相册

　　这是一种非常实用的电子相册,具有欣赏方便、交互性强、观赏美观、流行时尚等特点,如图 1-9 所示。

图 1-8　电子贺卡

图 1-9　Flash 相册

6．产品展示

使用 Flash 动画的方式来展示产品,特别是新推出的产品,可以很完整地表现产品的特色,是企业进行广告宣传的最佳手段之一,如图 1-10 所示。

7．网页广告

这是最近两年开始流行的一种形式。有了 Flash,广告在网络上发布才成为可能,而且发展势头迅猛。根据调查资料显示,国外的很多企业都愿意采用 Flash 制作广告,因为它既可以在网络上发布,同时也可以存为视频格式,在传统的电视台播放。一次制作、多平台发布,必将会越来越得到更多企业的青睐。图 1-11 展示的是一种电子产品网页广告。

图 1-10　产品展示

8．搭建 Flash 动态网站

Flash 不仅仅是一种动画制作技术,它同时也是一种功能强大的网站设计技术,现在很多网站都加入了 Flash 动画元素,借助其强烈的视觉冲击来吸引浏览者的注意,如图 1-12 所示。

图 1-11　网页广告

图 1-12　Flash 动态网站

1.1.6　Flash CS5 中的常用术语及概念

1．帧

帧是 Flash 动画中最基本的组成单位,Flash 通过对帧的连续播放来实现动画效果。Flash 动画中的帧主要分为普通帧和关键帧两种类型。

（1）普通帧

普通帧一般位于关键帧的后面,主要作用是延长关键帧中动画的播放时间,一个关键帧后的普通帧越多,该关键帧的播放时间就越长。

（2）关键帧

在动画播放的过程中,呈现关键性动作或关键性内容变化的帧便是关键帧。关键帧有两种：含内容的关键帧和空白关键帧。

含内容的关键帧：在时间轴上以一个实心的小黑点表示。

空白关键帧：在时间轴上以一个空心圆表示，空白关键帧不包含任何内容，通常用于分隔两个相连的补间动画或是结束前一个关键帧的内容。

2. 图层

在制作复杂的动画时，可以将动画进行划分，把不同的对象放在不同的图层上，每个图层之间都是相互独立的，都有自己的时间轴，各层包含独立的多个帧。当修改某个图层时，不会影响其他图层上的对象。

3. 元件

在 Flash CS5 中，元件是非常重要的。元件有三种类型，分别是【图形】元件、【按钮】元件和【影片剪辑】元件。在实际制作动画的过程中，如果需要反复使用同一个对象，那么可以将其转换成元件，然后可以多次调用该元件来创建其在舞台中的实例，这样就可以大大提高工作效率。

1.2　Flash 界面概览

1.2.1　Flash CS5 的打开方法

打开 Flash CS5 有两种方法：一种方法是选择【开始】|【所有程序】| Adobe Flash Professional CS5；另一种方法是直接单击桌面上的 Flash CS5 的快捷方式图标。

1.2.2　Flash CS5 的开始界面

启动 Flash CS5 以后，打开的是默认的开始界面，如图 1-13 所示。用户通过 Flash CS5 的开始界面，可以快捷方便地创建一个新的 Flash 文档或者项目，或者选择从模板创建 Flash 文档，还可以快速打开最近创建的 Flash 文档。如果用户选中开始界面下方的【不再显示】复选框，那么在下次启动 Flash CS5 时，软件就会跳过开始界面直接进入工作界面。

1.2.3　Flash CS5 的工作界面

Flash CS5 的工作界面包括菜单栏、舞台、【时间轴】面板、工具箱、【属性】面板和面板集等界面元素，如图 1-14 所示。

另外，为了方便完成不同的任务，以及适应不同用户的工作风格，Flash CS5 提供了 7 种界面布局，如图 1-15 所示，它们分别是动画、传统、调试、设计人员、开发人员、基本功能和小屏幕。

通过选择【窗口】|【工作区】菜单下的相应命令，用户可以根据需要进行切换。图 1-16 显示的是【动画】布局。下面详细介绍这些组成部分的特点和作用。

图 1-13　默认的开始界面

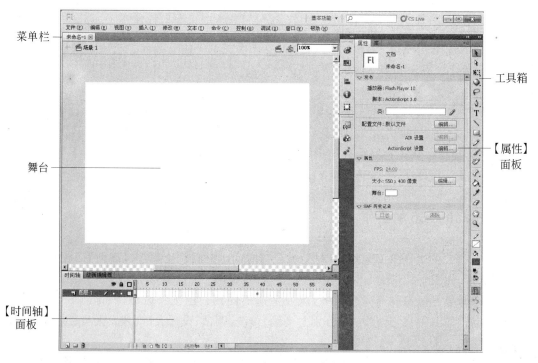

图 1-14　工作界面

动画
传统
调试
设计人员
开发人员
✔基本功能
小屏幕
重置'基本功能'(R)
新建工作区(N)...
管理工作区(M)...

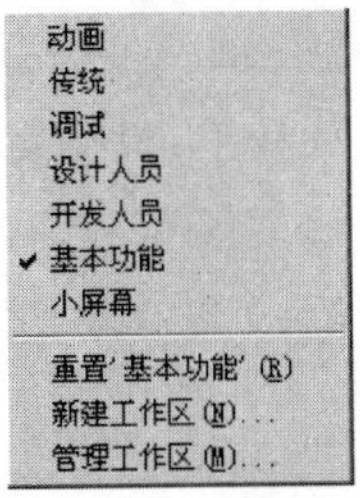

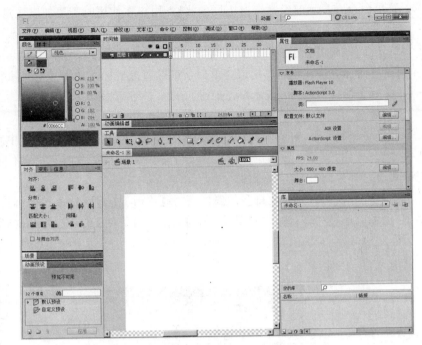

图 1-15　界面布局

图 1-16　【动画】布局

1. 菜单栏

Flash CS5 的菜单栏由【文件】、【编辑】、【视图】、【插入】、【修改】、【文本】、【命令】、【控制】、【调试】、【窗口】、【帮助】11 个下拉菜单组成，如图 1-17 所示。

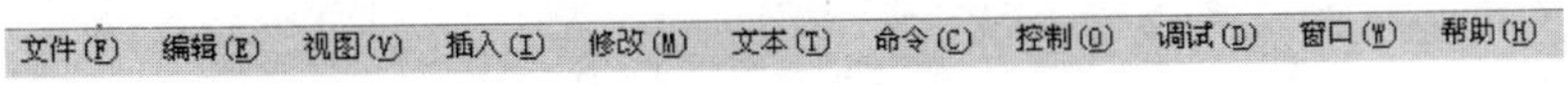

文件(F)　编辑(E)　视图(V)　插入(I)　修改(M)　文本(T)　命令(C)　控制(O)　调试(D)　窗口(W)　帮助(H)

图 1-17　菜单栏

根据不同的功能类型，可以快速地找到所需要的选项。

(1)【文件】菜单：主要用于文件的操作，如文件的创建、打开、保存等操作。

(2)【编辑】菜单：主要用于动画内容的编辑操作，如复制、粘贴等。

(3)【视图】菜单：主要用于设置开发环境的外观和版式等，如放大、缩小、显示标尺。

(4)【插入】菜单：主要用于新建元件、在时间轴插入图层等插入性的操作。

(5)【修改】菜单：主要用于修改动画中对象的状态，如变形操作、对时间轴中帧的转换操作等。

(6)【文本】菜单：主要用于对文本的字体、大小、样式等进行设置。

(7)【命令】菜单：主要用于对有关命令进行管理。

(8)【控制】菜单：主要用于对动画的播放、控制和测试。

(9)【调试】菜单：主要用于调试动画。

(10)【窗口】菜单：主要用于对工作界面的各个窗口面板的打开、关闭以及切换等操作。

(11)【帮助】菜单：主要用于快速获得帮助信息及方便了解 Adobe 产品的相关技术信息。

菜单命令在显示时经常会有不同的状态，用户在使用时需要加以注意：

① 灰色：表示该菜单命令在当前状态下不能使用。

② 后面标有黑色小三角按钮符号▶：表示该菜单命令下还有级联菜单。

③ 后面标有快捷键：表示该菜单命令可以通过所标注的快捷键来执行。

④ 后面标有省略号：表示单击时会打开一个对话框。

2. 舞台

在 Flash CS5 中，对动画进行创作的区域是舞台，设计者可以在其中直接绘制图形，插入文本框、按钮，还可以导入位图或媒体文件等。动画在播放时只显示位于舞台内的内容，对于舞台之外的内容是不显示的。

用户可以根据需要修改舞台的属性，选择【修改】|【文档】命令，即可打开【文档属性】对话框，也可以通过在舞台的空白处右击，选择【文档属性】选项打开该对话框，如图 1-18 所示。然后对舞台的尺寸、背景颜色、帧频、标尺单位等信息进行相应的修改，最后单击【确定】按钮即可。

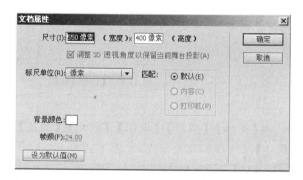

图 1-18　【文档属性】对话框

3.【时间轴】面板

【时间轴】面板以图层和时间轴的方式组织和控制影片内容在一定时间内播放的层数和帧数。与传统意义上的电影视频一样，Flash 影片也将时间轴划分为帧，多个帧上的画面连续播放，便形成了动画。图层相当于堆叠在一起的多张幻灯片，每个图层都有独立的时间轴，都包含着一个显示不同图像的舞台。时间轴主要由图层、帧和播放头组成，如图 1-19 所示。

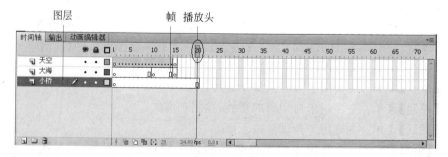

图 1-19　【时间轴】面板

文档中的图层位于时间轴的左侧区域，每个图层包含的帧都显示在该图层的右侧区域，播放头指示的是舞台中当前显示的帧，用红色矩形表示，红色矩形下面的红色细线所经过的帧为"播放帧"。在时间轴的底部显示的是时间轴的状态,包括帧编号、当前的帧频,以及播放到当前帧为止的运行时间。

下面介绍一下图层和帧,对它们的操作是创作动画的基础。

（1）图层

对图层的操作主要包括插入新图层、修改图层名称和显示状态等,双击图层名称前面的标志,弹出【图层属性】对话框,如图 1-20 所示。

在对话框中可以根据需要修改相应的图层属性。如果只是修改图层的名称,那么可以直接双击图层的名称来进行修改。如果使用图层编排动画,将会涉及更多的操作,这会在后面的动画设计中讲到。

（2）帧

在默认状态下,帧是以标准方式显示的,单击【时间轴】面板右上角的按钮,打开如图 1-21 所示的【帧】视图菜单。在该菜单中可以修改时间轴中帧的显示方式。

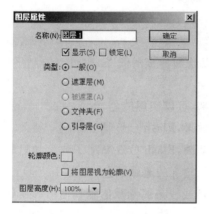

图 1-20　【图层属性】对话框

图 1-21　【帧】视图菜单

4. 工具箱

在默认情况下,工具箱以面板的形式置于 Flash CS5 工作界面的右侧,单击工具箱上面右侧的　　按钮后,工具箱会以图标　　的形式显示,然后单击该图标,工具箱会再次展开,如图 1-22 所示。

利用工具箱中的工具可以进行绘制、选择和修改操作,给图形填充颜色,或者设置工具选项等。

可以通过选择菜单栏中【窗口】|【工具】命令来决定是否显示或隐藏工具箱,如果想要改变工具箱在工作界面中的位置,那么可以选中【工具】面板中的【工具】标签,并将其拖动到相应的位置即可。

工具箱包括 18 种工具,如果某工具按钮的右下角有小三角形,则表示其包含一组工具,图 1-23 所示是【矩形工具】下拉菜单。

下面介绍各个工具的用途:

（1）【选择】工具　：用于选定、拖动对象等操作。

（2）【部分选取】工具　：对对象的部分区域进行选取。

（3）【任意变形】工具　：对选取的对象进行变形操作。

图 1-22 【工具箱】面板

图 1-23 【矩形工具】下拉菜单

(4)【旋转】工具 ：可以在 3D 空间中旋转影片剪辑实例。

(5)【套索】工具 ：用于选择一个不规则的区域。

(6)【钢笔】工具 ：可以绘制贝塞尔曲线。

(7)【文本】工具 ：可以在舞台上添加文本、编辑文本。

(8)【线条】工具 ：可以绘制各种形式的线条。

(9)【矩形】工具 ：用于绘制矩形和正方形。

(10)【铅笔】工具 ：用于绘制线条,既可以绘制伸直的线条,也可以绘制平滑的自由形状。

(11)【刷子】工具 ：主要用于填充图形内部,可以实现纯色、渐变、位图填充效果。

(12)【Deco】工具 ：用于填充舞台的背景效果,Flash CS5 增强了刷子特效。

(13)【骨骼】工具 ：用于制作各种动作的动画,Flash CS5 新增了弹簧和阻尼的特效。

(14)【颜料桶】工具 ：用于改变线条或形状轮廓的笔触颜色、宽度等。

(15)【滴管】工具 ：用于将图形的填充颜色或线条属性赋值到其他图形线条上,还可以采集位图作为填充内容。

(16)【橡皮擦】工具 ：用于擦除舞台中的内容。

(17)【手形】工具 ：用于对舞台进行移动。

(18)【缩放】工具 ：可以放大或缩小舞台中的图形。

5. 面板组

在 Flash CS5 中,面板的内容根据当前选定内容的变化而做出相应的改变,它可以显示当前文档的相关信息和设置等,下面介绍 Flash CS5 动画设计常用的面板。

(1)【属性】面板

选择【窗口】|【属性】命令可以打开或者关闭【属性】面板,如图 1-24 所示。

【属性】面板显示的信息包括播放器、脚本、配置文件、舞台,以及 SWF 历史记录。

① 播放器:显示当前 Flash CS5 使用的播放器版本是 Flash Player 10。

② 脚本:显示当前文档使用的脚本语言是 ActionScript 3.0。

③ 配置文件:显示当前文档使用的是默认文件。

④ 属性:显示舞台的属性设置。

⑤ SWF 历史记录:显示文档输出后的尺寸大小以及修改日期。图 1-25 显示的是矩形工具的【属性】面板。

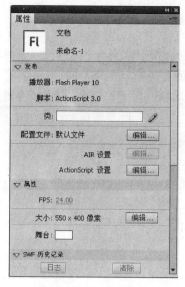

图 1-24 【属性】面板

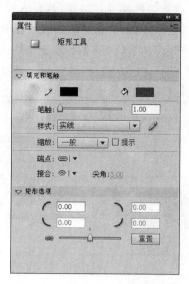

图 1-25 矩形工具的【属性】面板

（2）【库】面板

选择【窗口】|【库】命令可以打开【库】面板，如图 1-26 所示。在【库】面板中可以快捷地查找并调用资源。【库】中存储的元素称为元件，可以多次使用。

（3）【颜色】面板和【样本】面板

选择【窗口】|【颜色】命令或者直接单击 Flash CS5 工作界面上的 按钮，即可打开【颜色】面板，如图 1-27 所示。【颜色】面板给出了两种颜色模式：RGB 色彩模式和 HSB 色彩模式。使用【颜色】面板可以创建和编辑纯色或者渐变填充，调制出大量的颜色，从而用以设置笔触、填充色和透明度等。

图 1-26 【库】面板

图 1-27 【颜色】面板

选择【窗口】|【样本】命令或者单击工作界面上的 按钮即可打开【样本】面板，如图 1-28 所示。【样本】面板提供了很多的颜色样本供用户使用，此外，用户还可以使用【颜色】面板调

制出合适的颜色样本,然后将其存入样本面板中,以便供下次使用。

(4)【对齐】面板、【信息】面板和【变形】面板

选择【窗口】|【对齐】命令或者单击工作界面上的 ■ 按钮就可以打开【对齐】面板,如图 1-29 所示。【对齐】面板主要用于对舞台上各个对象的布局进行操作。

选择【窗口】|【信息】命令或者单击工作界面上的 ❶ 按钮,就可以打开【信息】面板,如图 1-30 所示。【信息】面板显示了舞台上选定对象的宽、高、颜色以及鼠标的位置等信息。

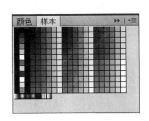

图 1-28 【样本】面板

图 1-29 【对齐】面板

图 1-30 【信息】面板

选择【窗口】|【变形】命令或者单击工作界面上的 ▣ 按钮,即可打开【变形】面板,如图 1-31 所示。【变形】面板提供了对舞台上选定对象的旋转、倾斜等操作。

(5)【代码片段】面板、【组件】面板和【动画预设】面板

选择【窗口】|【代码片段】命令或者单击工作界面上的 ▣ 按钮,即可打开【代码片段】面板,如图 1-32 所示。【代码片段】面板使非编程人员能快速轻松地使用简单的 ActionScript 3.0,借助该面板可以将 ActionScript 3.0 代码添加到 FLA 文件中来启用常用功能。

图 1-31 【变形】面板

图 1-32 【代码片段】面板

选择【窗口】|【组件】命令或者单击工作界面上的 ▣ 按钮,即可打开【组件】面板,如图 1-33 所示。利用组件可以方便快速地构建功能强大且具有一致外观和行为的应用程序。在 Flash CS5 中使用组件可以实现这些控件(如 RadioButton、CheckBox),而不用创建自定义按钮、组合框和列表,只需将这些组件从【组件】面板拖到应用程序文档中即可。此外,还可以方便地自定义这些组件的外观,以适合自己的应用程序设计。

选择【窗口】|【动画预设】命令或者单击工作界面上的 ▣ 按钮,即可打开【动画预设】面板,如图 1-34 所示。利用 Flash CS5 中的【动画预设】面板可以将默认的动画效果应用到对象上(该功能类似于幻灯片的动画设置),也可以把一些做好的补间动画保存为模板,并将其

应用到其他对象上。

图 1-33　【组件】面板

图 1-34　【动画预设】面板

1.3　动画基础知识及创作流程

1.3.1　传统动画和 Flash 动画的基本原理

　　首先介绍一下传统动画的基本原理：传统动画是由美术动画电影传统的制作方法移植而来的。它利用电影原理，即人眼的视觉暂留现象，将一张张逐渐变化的并能清楚地反映一个连续动态过程的静止画面，经过摄像机逐张逐帧地拍摄编辑，再通过电视的播放系统，使之在屏幕上活动起来。传统动画有着一系列的制作工序，首先将动画镜头中每一个动作的关键及转折部分设计出来，也就是要先画出原画，根据原画再画出中间画，即动画，然后还需要经过一张张地描线、上色，逐张逐帧地拍摄录制等过程。

　　而 Flash 动画的基本原理与影视作品相似，都是利用"视觉暂留"特性，在一幅画面消失前播放出下一幅画面，从而给人造成一种流畅的视觉变化。Flash 动画通过播放一系列连续不同的画面，给人的视觉造成画面连续变化的效果。

1.3.2　Flash 动画的创作流程

　　Flash 动画的创作流程如图 1-35 所示。

　　（1）创意构思作品：这一步主要是确定制作的动画需要具有哪些功能、展示什么样的效果，具体实现可以根据自己的习惯来进行，一般来说，可以绘制一些草图来构思自己的想法。

　　（2）创建和设置文档：这一步就需要在 Flash CS5 的主界面进行，通过创建一个新文档，设置好该文档的各个属性，建立多个场景，可以使动画的效果更明显。

　　（3）制作和整理动画元素：基本元素是动画制作的基础，常见的元素有各种图片、声音、影片剪辑，以及场景中的各个对象。

　　（4）添加媒体元素：当完成第（3）步，并把这些元素导入库中后，就需要对这些元素进行组织，以及按构思创意的需要将它们在舞台和时间轴上进行合理的排列。

　　（5）应用特效：有时为了使创意表现得更生动，还需要对以上的各个元素应用各种特

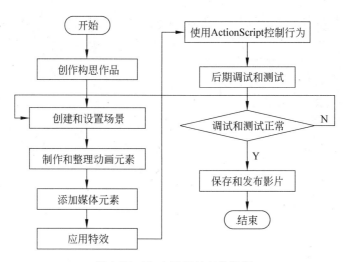

图 1-35　Flash 动画的创作流程

效，如模糊、发光和斜角等。

（6）使用 ActionScript 控制行为：有时为了实现同观众的交互式操作，需要编写 ActionScript 代码，使得观众能通过键盘和鼠标对动画中的某些元素进行交互式操作。

（7）后期调试和测试：这一步主要是对完成后的动画进行测试，以对动画对象的细节，以及各个片段的效果和质量进行校对。对于 ActionScript 代码，还要检查其编写是否正确，如有错误，则需要及时纠正。

（8）保存和发布影片：为了使以后方便对动画进行修改，应将 Flash 动画保存为 FLA 格式，通过【发布】命令将动画输出为 SWF 格式或其他格式的影片文件。

1.4　Flash 文件的基本操作

在大多数的应用软件中，信息都是以文件的形式进行保存的，同样，Flash 动画也不例外。下面简要介绍 Flash CS5 的常用文件操作命令和具体的应用方法。

Flash 文件主要包括 FLA 文件、SWF 文件、AS 文件、SWC 文件、ASC 文件、JSFL 文件等类型。

1.4.1　创建 Flash 文档

前面已经讲过，在欢迎界面中选择【新建】选项，可以创建 Flash 文档。还可以在进入 Flash 主界面后新建文档。选择【文件】|【新建】命令，即出现如图 1-36 所示的【新建文档】对话框，这时通过选择可以创建不同类型的 Flash 新文档。从图 1-36 中可以看到，在对话框右侧的【描述】中有对当前所选 Flash 文档类型的一个简介，在类型中选择所需要的文档格式，然后单击【确定】按钮即可创建一个新文档。

此外，还有一种方法，就是从模板中创建文档，选择【文件】|【新建】命令，然后在打开的

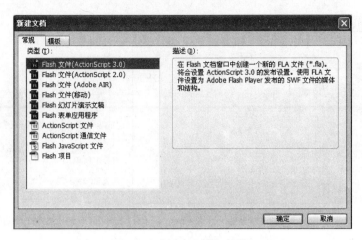

图 1-36　【新建文档】对话框

【新建文件】对话框中选择【模板】选项卡，即可进入如图 1-37 所示的对话框，这时就可以选择模板的类型和具体模板来创建新文档了。

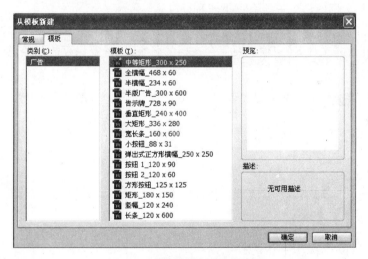

图 1-37　【从模板新建】对话框

1.4.2　打开 Flash 文档

打开 Flash 文档的方法有以下三种。

（1）选择【文件】|【打开】命令，出现如图 1-38 所示的【打开】对话框。利用该对话框可以打开已经保存在磁盘上的 Flash 文档。

（2）选择【文件】|【打开最近的文档】命令，如图 1-39 所示，可以从出现的列表中选择最近使用过的 Flash 文档。

（3）可以直接到保存 Flash 文档的磁盘中寻找所需要的文档，然后双击该文档，也可以打开该文档。

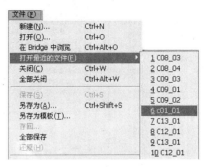

图 1-38 【打开】对话框 　　　　　　　　图 1-39 【打开最近的文件】命令

1.4.3 保存 Flash 文档

保存 Flash 文档的命令主要有以下三种。

（1）选择【文件】|【保存】命令，如果是第一次保存，那么会出现如图 1-40 所示的【另存为】对话框，这时在【文件名】中输入要保存文档的名字，选择要保存的路径，然后单击【保存】按钮。

图 1-40 【另存为】对话框

（2）选择【文件】|【另存为】命令，可以将当前完成的文档保存在另一个文档中。

（3）选择【文件】|【还原】命令，可以还原上次保存的文档版本。

还可以将文档另存为模板，选择【文件】|【另存为模板】命令，即可打开如图 1-41 所示的【另存为模板】对话框，在【名称】中输入要保存模板的名字，在【类别】下拉菜单中选择一种模板类型或者输入要保存的类型名字，然后在【描述】中输入对该模板的简要描述，单击【保存】按钮即可完成另存为模板的操作。

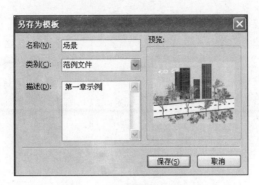

图 1-41 【另存为模板】对话框

1.4.4 关闭 Flash 文档

关闭 Flash 文档主要有以下两种。

（1）选择【文件】|【关闭】命令，可以关闭当前使用的 Flash 文档。

（2）选择【文件】|【关闭全部】命令，可以关闭当前所有打开的 Flash 文档。

还可以单击 Flash CS5 右上角的【关闭】按钮，如果该文档已经保存，则 Flash CS5 的主界面直接退出，如果还没有保存，则会出现【另存为】对话框，在该对话框中选择要保存的类型，输入保存的名字，单击【保存】按钮即可。

1.4.5 退出 Flash CS5

选择【文件】|【退出】命令，将关闭所有打开的 Flash 文档并退出 Flash。如果当前的文档还没有保存，则 Flash CS5 会出现如图 1-42 所示的提示框，提示是否保存，【是】表示保存并退出，【否】表示不保存直接退出，【取消】表示不关闭 Flash CS5，这时可以根据需要进行选择。

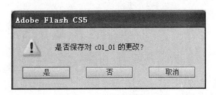

图 1-42 提示框

第2章 绘制图形

绘图工具是 Flash 制作影片和动画时使用的最基本的工具。图 2-1 所示的工具箱包括十余种绘图工具,每种工具的具体用法都各不相同,本章将介绍 Flash CS5 中工具箱提供的基本图形绘制工具的使用方法。

图 2-1　工具箱

2.1　工具箱简介

首先熟悉一下工具箱中各个工具的作用:

(1)【选择】工具 ：用来选择舞台中的图形或文字等对象。

(2)【部分选取】工具 ：选择锚点和贝塞尔曲线及变形操作。

(3)【任意变形】工具 ：主要用于对选取的对象进行旋转、倾斜和扭曲等操作。

(4)【旋转】工具 ：该工具只能对元件发生作用,可以进行旋转、平移操作。

(5)【套索】工具 ：该工具允许用户进行自定义范围来完成对对象的选择。

(6)【钢笔】工具 ：用来绘制直线和贝塞尔曲线。

(7)【文本】工具 ：用来在舞台中插入文字和编辑文本。

(8)【线条】工具 ：用来绘制直线。

(9)【矩形】工具 ：用来绘制矩形、椭圆、多角星形等图形。

(10)【铅笔】工具 ：用于绘制自由的线条。

(11)【刷子】工具 ：用于表现笔刷描绘的图像效果。

(12)【Deco】工具 ：用于为 Flash 设计添加多种笔刷效果和更高级的动画特效。

(13)【骨骼】工具 ：用于制作更形象的动画效果。

(14)【颜料桶】工具 ：用于填充颜色。

（15）【滴管】工具：该工具可以吸取现有图形的线条或填充上的颜色及格式等信息，并可以应用到其他图形上。

（16）【橡皮擦】工具：用于擦除图像的填充色和外轮廓。

（17）【手形】工具：用于拖动舞台。

（18）【缩放】工具：用于放大或缩小对象。

（19）【笔触颜色】：用于设定边线的颜色。

（20）【填充色】：用于设定填充的颜色。

2.2　绘制直线、椭圆、矩形和多边形

2.2.1　绘制直线

在工具箱中单击线条工具，然后将光标移动到舞台中，按鼠标左键确定起点，将鼠标拖动到另一位置松开（确定终点），就会画出一条直线来。此时线条的属性是系统默认的，可以在【属性】面板中设置线条的笔触颜色、笔触高度和笔触样式等，如图 2-2 所示。

（1）【笔触颜色】按钮：单击【属性】面板中的【笔触颜色】按钮，在【颜色】对话框中可以对笔触颜色进行详细的设置。

（2）【笔触高度】：用来设置所绘制线条的粗细度，有两种设置方式：可以通过拖动属性面板中的笔触滑块来调节；也可以通过在滑块右边的文本框中输入具体数值来精确设置笔触粗细。

（3）【笔触样式】：单击笔触样式列表框中向下的三角形，在出现的如图 2-3 所示的下拉列表中选择所需要的笔触类型。

图 2-2　【属性】面板

图 2-3　笔触类型

也可以通过单击列表框右边的【编辑笔触样式】按钮来具体设置线条的样式，如图 2-4所示。

另外，如果要绘制水平线条或竖直线条，则只需在绘制的过程中一直按住 Shift 键，向水平方向或竖直方向拖动鼠标即可，若向左上角或右下角拖动鼠标，则可以绘制倾斜角为

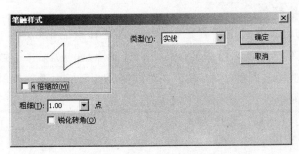

图 2-4 【笔触样式】对话框

45°的线条。

2.2.2 绘制椭圆

1. 设置椭圆的基本属性

单击【工具】面板中的【矩形工具】按钮 🔲,在出现的如图 2-5 所示的列表中选择【椭圆工具】选项,然后选择【属性】选项即可进行椭圆的相关设置,如图 2-6 所示。

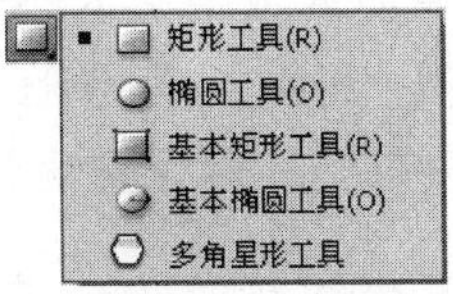

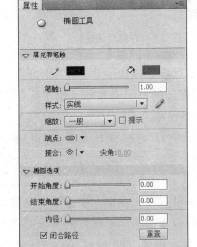

图 2-5 【椭圆工具】选项

图 2-6 椭圆工具的属性设置

在【属性】面板中可以看到笔触颜色、笔触高度、笔触样式等选项,这与 2.2.1 节中线条设置类似,此处不再赘述,除此之外,还有一些其他的设置:

(1) 开始角度:用于设置扇形的开始角度。

(2) 结束角度:用于设置扇形的结束角度。

(3) 内径:用于设置扇形内角的半径。

(4) 闭合路径:使绘制的扇形为闭合扇形。

(5) 重置:恢复角度、内径的原始值。

2. 设置椭圆边线颜色

椭圆边线颜色的设置方式主要有三种：第一种是在绘制前，使用工具箱中的"笔触颜色"按钮 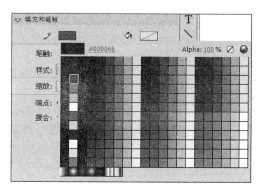 进行设置；第二种是在绘制前，通过修改【属性】面板中的【笔触颜色】；第三种是在绘制椭圆后，选中椭圆的边线，然后在对应的属性面板中设置笔触的颜色。前两种方法很容易掌握，下面简单说明一下第三种方法。

步骤 1：单击工具箱中的【选择工具】按钮，然后在椭圆的边界上单击，即可选中椭圆的边线，如图 2-7 所示。

步骤 2：单击【属性】面板中的【笔触颜色】图标，在弹出的【颜色】面板中选择需要的颜色即可，如图 2-8 所示。

图 2-7　椭圆边线选取

图 2-8　笔触颜色设置

3. 设置椭圆填充色

椭圆内部颜色的填充有三种方式：单色填充(纯色填充)、渐变填充和位图填充。

(1) 单色填充

在 Flash CS5 中，颜色设置有两种模式，一种是 RGB 颜色模式，另一种是 HSB 颜色模式。在第 3 章中会详细介绍这两种颜色模式。

在选定相应的颜色模式后，可以通过依次单击颜色模式后面的数字文本框来设定相应的数值；也可以在文本框上按住鼠标左键，左右拖动鼠标，文本框中的数值会随着鼠标的拖动发生变化，当文本框中的数值变成用户想设定的值时，松开鼠标左键，完成设定。

(2) 渐变填充

渐变是一种多色填充，即一种颜色逐渐转变为另一种颜色。使用 Flash CS5，能够将多达 15 种颜色转变应用于渐变。创建渐变是在一个或多个对象间创建平滑颜色过渡的好方法。另外，还可以将渐变存储为色板，从而便于将渐变应用于多个对象。Flash CS5 可以创建两类渐变：

① 线性渐变　沿着一根轴线(水平或垂直)改变颜色。

② 放射状渐变　从一个中心焦点向外改变颜色。在该模式下可以调整渐变的方向、颜色、焦点位置，以及渐变的其他属性。

(3) 位图填充

位图填充是对 Flash CS5 对象填充的一个重要手段。所谓位图填充，就是使用某个位图来填充一个区域。使用位图填充需要先导入一个位图文档，并将其分离后才能作为填充样式对某个区域进行填充。

关于渐变填充和位图填充的具体操作将在第 3 章中详细介绍。

2.2.3 绘制矩形和多边形

矩形的边线颜色、填充颜色、笔触大小以及样式等设置与椭圆的设置基本相同,区别是在选择矩形工具后,在【属性】面板中还可以设置矩形边角的半径,这样可以绘制圆角矩形,如图 2-9 所示。

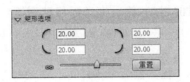

图 2-9 矩形属性设置

边角半径的值范围为 −100～100,数字越小,绘制的矩形的 4 个圆角弧度就越小,默认值为 0,表示 4 个角为直角。

依次单击【工具】面板中的【矩形工具】按钮,在弹出的列表中选择【多角星形工具】选项,然后进入【属性】面板中,这时可以看到,该面板比椭圆、矩形工具的属性面板多了一个【选项】按钮,如图 2-10 所示。

单击【选项】按钮,打开【工具设置】对话框,如图 2-11 所示。

在对话框中可以设置所绘制的多角星形的样式、边数和星形顶点大小。

- 样式:默认的样式是"多边形",可以通过在下拉菜单中选择【星形】来绘制星形图。
- 边数:用于设置多边形或星形的边数。
- 星形顶点大小:用于设置星形顶点的大小,Flash CS5 是用像素来描述星形顶点大小的。

图 2-12 所示为不同样式和不同边数的图形形状。

图 2-10 矩形【选项】设置

图 2-11 【工具设置】对话框

图 2-12 不同的多边形

2.3 钢笔工具的使用

1. 利用钢笔工具绘制直线

在【工具】面板中单击【钢笔工具】按钮 ，选择钢笔工具，在【属性】面板中设置合适的笔触高度、样式和填充色等属性，如图 2-13 所示。

属性设置好之后，开始进行线段的绘制。首先将光标移动到舞台中的某一位置，按鼠标左键确定第一个锚点，以这个点作为线段的起点，然后将光标移动到舞台中的另一个位置，按鼠标左键确定第二个锚点，如图 2-14(a)所示，类似地，依次如图 2-14(b)、图 2-14(c)所示进行操作。

要封闭路径，可以将鼠标放置在第一个锚点然后单击即可。要结束开放的路径，可以在最后的锚点处双击，或者按住 Ctrl 键在工作区的任意位置单击即可，如图 2-14(d)所示。

图 2-13 钢笔属性设置

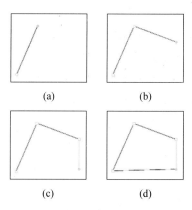

(a)　　　　　(b)

(c)　　　　　(d)

图 2-14 绘制线段

2. 利用钢笔工具绘制贝塞尔曲线

用钢笔工具建立曲线，需要在曲线改变方向的地方增加锚点，然后拖曳控制曲线形状的方向线即可。方向线的长度和斜度决定曲线的形状。需要注意的是，如果使用较少的锚点来绘制曲线，则会比较容易编辑，而且系统也能较快地显示该曲线；如果使用太多的锚点，那么在曲线中会产生不必要的隆起部分。如图 2-15 所示，在工作区单击起点后，再单击另一点并拖动鼠标，出现手柄的同时会出现一段曲线。

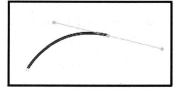

图 2-15 绘制曲线

（1）添加锚点

使用添加锚点工具在路径上没有锚点的地方单击，这时在光标的右下角会出现一个加号，表示在路径上该处增加了一个锚点，单击该锚点即可完成操作。

（2）删除锚点

使用删除锚点工具单击所选对象上的锚点，这时光标的右下角会出现一个减号，表示可以删除该处的锚点。

（3）转换锚点

锚点分为文直线点和曲线点两种，对锚点进行编辑时，常常要将一个两侧没有方向线的锚点转换为两侧有方向线的曲线锚点或将曲线锚点转换为角点。选择转换锚点工具后，在曲线锚点上单击，可以将其转换为角点；在锚点上拖动，可以拉伸出锚点的方向线。

2.4　刷子、铅笔和 Deco 工具

1. 刷子工具的使用

使用刷子工具可以绘制出像毛笔作画的效果，它也常被用于给对象着色。需要注意的是，刷子工具绘制出的是填充区域，它不具有边线，若要填充封闭的线条，则最好使用颜料桶工具。可以通过单击工具面板中的■按钮来改变笔刷的颜色。

单击工具箱中的刷子工具按钮，在工具箱下方的选项区域中会显示刷子工具的选项，如图 2-16 所示。

刷子工具的四项属性如下：

（1）对象绘制：一般不可用。

（2）锁定填充：可以锁定渐变色或位图填充区域。

（3）刷子模式：可以选择笔刷的着色模式，如图 2-17 所示。

（4）刷子形状：可以选择笔刷的形状，如图 2-18 所示。

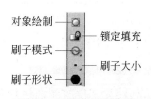

图 2-16　刷子工具选项

图 2-17　着色模式

图 2-18　刷子形状选项

2. 铅笔工具的使用

使用铅笔工具也可以绘制任意形状的矢量图形，选择工具箱中的铅笔工具，把鼠标移到舞台中，按住鼠标左键随意拖动即可绘制任意直线或曲线，这与使用真实的铅笔效果大致相同。当选择铅笔工具时，工具箱下方会显示铅笔工具的相关选项。在属性面板中可以设置铅笔绘制的线条的颜色、宽度和样式等。铅笔工具和线条工具的不同之处是：铅笔工具可以绘制曲线，而线条工具不可以。单击工具箱下方的【铅笔模式】按钮，在弹出的下拉列表中有三种绘图模式，如图 2-19 所示。

（1）伸直：选择伸直绘图模式可以绘制直线，并可以将接近三角形、椭圆、圆形、矩形和正方形的形状转换为常见的几何形状。

（2）平滑：选择平滑绘图模式可以绘制平滑曲线。

图 2-19　【铅笔模式】
按钮

（3）墨水：选择该选项可以绘制不用修改的手绘线条。

3. Deco 工具的使用

选择工具箱中的【Deco 工具】选项 ，这时【属性】面板会出现相应的显示，在默认情况下，【属性】面板中会显示【藤蔓式填充】的属性设置，如图 2-20 所示。

选择【绘制效果】下拉菜单 ，这时会出现如图 2-21 所示的一系列选项。

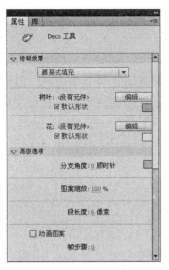

图 2-20 【属性】面板

图 2-21 【绘制效果】下拉菜单

从中可以看到 Deco 工具的【绘制效果】提供了多种的笔刷填充效果，图 2-22 所示的依次是使用火焰动画、建筑物刷子、树刷子绘制出来的效果，此外，选择不同的绘制效果，属性面板的设置也会不同，例如图 2-23 所示的是火焰动画的【属性】面板。

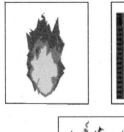
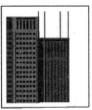

图 2-22 三种绘制效果

图 2-23 火焰动画的【属性】面板

其中，如果在高级选项中选择了【结束动画】选项，则火焰动画一直持续到火焰燃烧结束为止，若没有选择【结束动画】选项，则火焰动画持续时间就是【火持续时间】的设置数值。其他的【绘制效果】的【属性】面板设置类似，需要读者自己多加练习。

2.5　图形的编辑

在制作 Flash 动画时,通常需要对图形进行编辑使动画更加生动、形象,以达到预期的动画效果。对于导入的图片文件,也可以运用工具箱中的各种工具对其进行编辑和调整。

1. 图形的组合与分离

在制作 Flash 的过程中,有时需要对多个对象进行整体操作,这时需要将其组成一个整体;有时又需要将一个图形分离出来,以便对其进行局部操作。

(1) 图形组合

要对多个对象进行整体操作,可以先将对象组合,然后再进行下一步操作,这样可以达到不影响其他对象的目的。

具体过程如下:

步骤 1:选择工具箱中的选择工具![](），框选需要成组的对象。

步骤 2:选择菜单栏中的【修改】|【组合】命令或按 Ctrl+G 键,即可将所选的对象组合成一个整体。

(2) 图形分离

执行分离图形操作后,将位图或图形分离成一个个像素点,可以对其中的一部分进行编辑。具体过程如下:

步骤 1:选择工具箱中的选择工具![](），选择需要分离的图形。

步骤 2:选择菜单栏中的【修改】|【分离】命令或按 Ctrl+B 键即可将图形分离。

步骤 3:选择工具箱中的选择工具![](），选择对象的一部分,这时,所选部分出现了许多的像素点,此时可以对这部分进行编辑。

2. 图形位置的调整

在制作动画之前,需要对绘制的图形和导入的图片进行调整。除了可以使用选择工具移动图形来调整位置外,还可以通过对其面板的排列命令对图形进行更为精确的调整。

选择菜单栏中的【窗口】|【对齐】命令即可打开【对齐】面板,如图 2-24 所示。

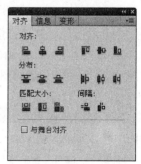

图 2-24　【对齐】面板

(1)【左对齐】按钮![]：使对象靠左对齐。

(2)【水平对齐】按钮![]：使对象沿垂直线居中对齐。

(3)【右对齐】按钮![]：使对象靠右对齐。

(4)【顶对齐】按钮![]：使对象靠上对齐。

(5)【垂直中齐】按钮![]：使对象沿水平线居中对齐。

(6)【底对齐】按钮![]：使对象靠底对齐。

(7)【顶部分布】按钮![]：使对象在水平方向上的上端间距相等。

(8)【垂直居中分布】按钮![]：使对象在水平方向上的中心间距相等。

(9)【底部分布】按钮![]：使对象在水平方向上的下端间距相等。

（10）【左侧分布】按钮 ：使对象在垂直方向上的左端间距相等。

（11）【水平居中分布】按钮 ：使所选对象在垂直方向上的中心间距相等。

（12）【右侧分布】按钮 ：使所选对象在垂直方向上的右端间距相等。

（13）【匹配宽度】按钮 ：以所选对象中最长的宽度为基准，在水平方向上等尺寸变形。

（14）【匹配高度】按钮 ：以所选对象中最高的高度为基准，在垂直方向上等尺寸变形。

（15）【匹配宽和高】按钮 ：以所选对象中最高的高度和最长的宽度为基准，在水平和垂直方向上同时等尺寸变形。

（16）【垂直平均间隔】按钮 ：使所选对象在垂直方向上的间距相等。

（17）【水平平均间隔】按钮 ：使所选对象在水平方向上的间距相等。

（18）【与舞台对齐】选项：在该选项被选中后，调整图像的位置时将以整个舞台为标准，否则对齐图形时是以各个图形的相对位置为标准的。

3. 位图和矢量图

根据图像显示的原理不同，可以将图形分为位图和矢量图两种。位图是指用点来描述的图形，图形中的每个点都可以独立显示不同的色彩，如 JPG、BMP 和 PNG 等格式的图形。矢量图是用矢量化元素描绘的图形，它由矢量线条和填充色块组成，如 EPS 和 WMF 等格式的图形。在 Flash 中，必须将位图转换成矢量图，这样在图形放大时就不会失真，才能保持需要的效果。

（1）位图和矢量图的区别

在 Flash 中，要想判断图片是位图还是矢量图，只需利用选择工具 选中图形，若图形以点的形式显示，则为矢量图，若图形周围出现了一个边框，则为位图。下面介绍位图和矢量图的区别。

① 矢量图的尺寸大小不会影响图形的显示效果，而位图的尺寸大小则会严重影响图形的显示效果。

② 矢量图文件的大小与图形的复杂程度有关，与图形的尺寸和色彩无关，而位图文件的大小由图形尺寸和色彩深度决定。

③ 如果对 Flash 动画的真实感要求很高，那么最好使用位图，而且不要将其转换为矢量图，否则会丢失大量的图像信息。

（2）位图的设置

为了使图片变小或提高动画质量，有必要对图片的格式进行设置。下面以设置导入的位图"蝴蝶.jpg"为例来介绍位图设置的方法，具体步骤如下：

步骤 1：选择【窗口】|【库】命令或直接按 F11 键，打开【库】面板，如图 2-25 所示。

选中要设置的图片"蝴蝶.jpg"后右击，在弹出的快捷菜单中选择【属性】命令，如图 2-26 所示，打开【位图属性】对话框。

步骤 2：在出现的对话框选中【允许平滑】，在【压缩

图 2-25　蝴蝶【库】面板

下拉列表中选择【无损】选项,单击【测试】按钮,就可以在对话框底部查看压缩后的结果,如图 2-27 所示。

 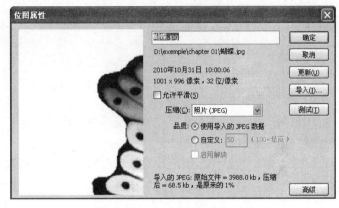

图 2-26 选取图片属性   图 2-27 图片的【位图属性】设置

(3) 位图转换为矢量图

位图文件较矢量图文件更为复杂,文件也更大,需要将其转换为矢量图,便于操作。选择【修改】|【转换位图为矢量图】命令,打开如图 2-28(b)所示的【转换位图为矢量图】对话框,在其中可以对各项参数进行设置以达到最优质的图片效果。

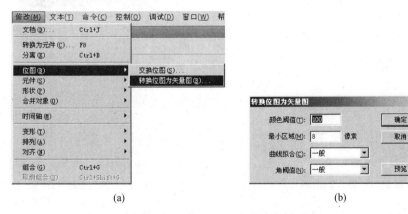

(a)   (b)

图 2-28 【转换位图为矢量图】对话框

现对各项参数的作用介绍如下:

①【颜色阈值】文本框:该栏中要求输入一个 1~500 之间的阈值。当两个像素进行比较后,如果它们在 RGB 颜色值上的差异低于该颜色阈值,则两个像素被认为是颜色相同的,如果增大该阈值,则意味着降低颜色像素的数量。

②【最小区域】文本框:输入像素值,用于设置在指定像素颜色时要考虑的周围像素的数量,取值范围为 1~1000。

③【曲线拟合】文本框:在其下拉列表中选择适当选项,确定转换后轮廓曲线的光滑程度,如图 2-29 所示。

④【角阈值】文本框：在该下拉列表中选择适当选项，确定转换时对边角的处理办法，如图 2-30 所示。

图 2-29　曲线拟合　　　　　　　　　　　　　　　图 2-30　角阈值

4. 图形变形

图形的变形包括基本变形和特殊变形两种形式。

（1）基本变形

基本变形包括对图形或图片对象进行缩放、旋转、倾斜等操作。在进行这些操作时可以在【变形】面板设置精确的数值。下面通过简单的例子来说明这些基本变形方法。操作步骤如下：

步骤 1：在舞台中导入如图 2-31 所示的图形。

步骤 2：选中三角形，选择【窗口】|【变形】命令或按 Ctrl＋T 键，打开如图 2-32 所示的【变形】面板，同时选中【约束】复选框 ，在【宽度】和【高度】文本框中都输入 50%，按 Enter 键确认，此时效果如图 2-33 所示。

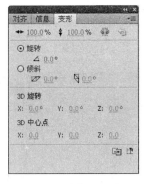

图 2-31　导入的图形　　　　　　　　　　　　图 2-32　【变形】面板

步骤 3：选中长方形，在【变形】面板中选择【旋转】单选按钮，在其后的文本框中输入 30，按 Enter 键确认，此时效果如图 2-34 所示。

（2）特殊变形

特殊变形包括对对象进行扭曲、封套等操作。此时图形必须为矢量图，否则不能进行特殊变形，如果导入的是位图，那么需要将其转换为矢量图。下面以导入的位图"蝴蝶.jpg"为例进行讲解，具体步骤如下：

步骤 1：选择【文件】|【导入】|【导入到舞台】命令，将所需图片"蝴蝶.jpg"导入到舞台中，在【变形】面板中将其大小设置为 50%，然后再选择【修改】|【位图】|【转换位图为矢量图】命令将图片转换为矢量图。

图 2-33　放缩效果图　　　　　　　　　图 2-34　倾斜效果图

步骤 2：选择工具箱中的任意变形工具，然后选择【修改】|【变形】|【封套】命令或单击工具箱下面的【封套】按钮，此时图片周围将出现 24 个控制点，如图 2-35 所示。

单击图片上面中间的控制点，拖动鼠标到下面对应的控制点。

步骤 3：变形后效果如图 2-36 所示。

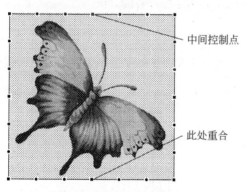

中间控制点

此处重合

图 2-35　执行封套变形操作

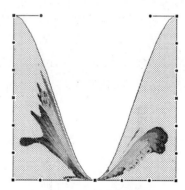

图 2-36　封套变形后的图片

第3章 颜色和渐变

一般情况下,图案是由基本形状和颜色组成的。颜色处理是图像处理的一个重要组成部分。由于不同颜色在色彩表现上的差异,色彩可分为若干种模式,如 CMYK 模式、RGB 模式、Lab 模式、HSBC 模式、Indexed 模式等。下面介绍 Flash CS5 中的颜色原理,这是 Flash 图形美工的基础。

3.1 Flash CS5 的颜色模式

Flash CS5 提供了两种色彩模式:RGB 色彩模式和 HSB 色彩模式。

3.1.1 RGB 色彩模式

RGB 色彩模式是一种最为常见、使用最广泛的颜色模式,它以色光的三原色原理为基础,其中 R 代表红色,G 代表绿色,B 代表蓝色。根据 RGB 三基色原理,各种颜色的光都可以由红、绿和蓝三种基色加权混合而成,这可以用图 3-1 所示的 RGB 直角坐标定义的单位立方体来说明:坐标原点(0,0,0)表示黑色,坐标点(1,1,1)表示白色,坐标轴上的三个顶点表示 RGB 三个基色。因此,彩色空间是三维的线性空间,任意一种具有一定亮度的颜色光都可用空间中的一个点或一个向量表示。因此可以选择具有确定光通量的红、绿、蓝三基色作为三维空间的基,这样组成的表色系统称为 RGB 表色系统。

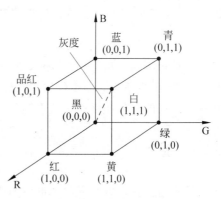

图 3-1 RGB 颜色系统

红色(R)、绿色(G)和蓝色(B)作为 RGB 色彩模式的基本色彩,在计算机中分别用 8 位数据来分别表示红色(R)、绿色(G)和蓝色(B),它们都有 256(0～255)种不同的亮度值。亮度值越小,产生的颜色就越深;而亮度值越大,产生的颜色就越浅。当 RGB 均为 0 时,颜色表现为黑色;当 RGB 值均为 255 时,颜色表现为白色。这样每种原色都可以用 8 位二进制数据表示,于是三原色的表示共需要 24 位二进制数,这样能够表示出的颜色种类数目为 $256 \times 256 \times 256 = 2^{24}$,大约有 1600 万种,远远超过普通人的视觉能力所能分辨出的颜色数目。

RGB 颜色代码可以使用十六进制数表示以减少书写长度,按照两位一组的方式依次书写 R、G、B 三种颜色的级别,例如,0xFF0000 代表纯红色,0x00FF00 代表纯绿色,而 0x00FFFF 代表青色。

就编辑图像而言,RGB 色彩模式也是最佳的色彩模式,因为它可以提供全屏幕的 24 位的色彩范围,即真彩色显示。但是,如果将 RGB 模式用于打印,其效果就不是最佳的,因为 RGB 模式提供的有些色彩已经超出了打印的范围,因此在打印一幅真彩色的图像时,就必然会损失一部分亮度。打印所用的颜色模式是 CMYK 模式,CMYK 模式所定义的色彩要比 RGB 模式定义的色彩少很多,因此在打印时,系统自动将 RGB 模式转换为 CMYK 模式,这样就难免损失一部分颜色,打印后出现失真的现象。

3.1.2　HSB 色彩模式

人类视觉系统对色彩的直觉感知,首先是色相,即红色、橙色、黄色、绿色、青色、蓝色、紫色当中的一个,然后是其深浅度。

HSB 色彩就是根据这种感知产生的,它把颜色分为色相(H)、饱和度(S)、明度(B)三个因素。注意:它将大脑的"深浅"概念扩展为饱和度(S)和明度(B):所谓饱和度相当于家庭电视机的色彩浓度,饱和度高色彩较艳丽,饱和度低色彩就接近灰色;明度也称为亮度,等同于彩色电视机的亮度,亮度高色彩明亮,亮度低色彩暗淡,亮度最高得到纯白,最低得到纯黑。HSB 色彩模式比 RGB 色彩模式更为直观,也更符合人的视觉原理。

3.2　工具箱颜色编辑工具的使用

工具箱颜色编辑工具有【墨水瓶工具】、【颜料桶工具】和【滴管工具】这三种颜色填充工具。其中,墨水瓶工具用来设置边线的属性,颜料桶工具用来设置填充的属性,滴管工具用来从已存在的线条和填充中获得颜色信息。

3.2.1　墨水瓶工具的使用

墨水瓶工具可以为形状图形添加边框,也可以改变边框的颜色、笔触高度、轮廓线及边框线条的样式,但是只能应用纯色填充,不能应用渐变色和位图填充。

图 3-2　墨水瓶工具

选择【工具箱】中的【墨水瓶工具】(如图 3-2 所示)或按 S 键即可选定墨水瓶工具。

然后可以在图 3-3 所示的【墨水瓶工具】的【属性】面板中,设置墨水瓶的笔触颜色、笔触高度和笔触样式。

下面介绍【墨水瓶工具】的使用。

1. 使用【墨水瓶工具】修改线条

步骤 1:打开 Flash CS5,选中矩形工具,在舞台中绘制一个矩形相应的属性设置,如

图 3-4 所示。

图 3-3 【墨水瓶工具】的【属性】面板

图 3-4 属性设置

步骤 2：按 S 键选择【墨水瓶工具】，打开【属性】面板，设置【笔触颜色】为黑色，【笔触大小】为 4，【笔触样式】为虚线，如图 3-5 所示。

步骤 3：将鼠标指针移至绘制的矩形边框上，然后单击，这样就将矩形的边线进行修改了，效果如图 3-6 所示。

图 3-5 【墨水瓶工具】面板

图 3-6 单击后的效果图

2. 使用【墨水瓶工具】为图形添加线条

使用【墨水瓶工具】可以快速为没有轮廓线的图形添加边线，具体操作如下：

步骤 1：用【椭圆工具】绘制属性设置如图 3-7 所示的圆形。

步骤 2：选择【工具箱】中的【选择工具】，然后双击圆形的边框，这时圆形的边框状态如图 3-8 所示。

图 3-7 预绘制效果

图 3-8 【选择工具】选中圆

步骤 3：按 Delete 键将边框删除，然后选择【墨水瓶工具】，相应的设置如图 3-9 所示。然后在圆形的边缘处单击，这时就为圆形添加边线，效果如图 3-10 所示。

图 3-9 【墨水瓶工具】选项设置

图 3-10 添加边线

3.2.2 【颜料桶工具】的使用

在 Flash CS5 中，使用【颜料桶工具】可以对封闭的区域填充颜色，也可以对已有的填充区域进行颜色修改。选择工具箱中的【颜料桶工具】或按 K 键，即可选定。然后打开相应的【属性】面板，这时会看到只有一个【填充颜色】按钮为可选激活状态，其余的选项都为灰色禁用状态，如图 3-11 所示。

再单击工具箱下方的【空隙大小】按钮，弹出如图 3-12 所示的下拉菜单，可以看到该菜单中有四个不同的选项，可以设置对封闭区域或带缝隙的区域进行填充。

图 3-11 【颜料桶工具】的【属性】面板

图 3-12 【空隙大小】下拉菜单

（1）【不封闭空隙】：默认情况下选择的是"不封闭空隙"选项，表示只能对完全封闭的区域填充颜色。

（2）【封闭小空隙】：该选项表示可以对有极小空隙的未封闭区域填充颜色。

（3）【封闭中等空隙】：该选项表示可以对有中等空隙的未封闭区域填充颜色。

（4）【封闭大空隙】：该选项表示可以对有较大空隙的未封闭区域填充颜色。

3.2.3　【滴管工具】的使用

【滴管工具】可以吸取线条的笔触颜色、笔触高度以及笔触样式等基本属性,并可以将其效果应用到其他图形上。换一句话说,【滴管工具】可以复制舞台区域中已经存在的图形的颜色或填充样式等。该工具没有与其相对应的【属性】面板和功能选项。单击工具箱中的【滴管工具】按钮 或按 I 键,就可以调用该工具了。

下面介绍【滴管工具】的应用:

步骤 1:绘制如图 3-13 所示的两个图形。

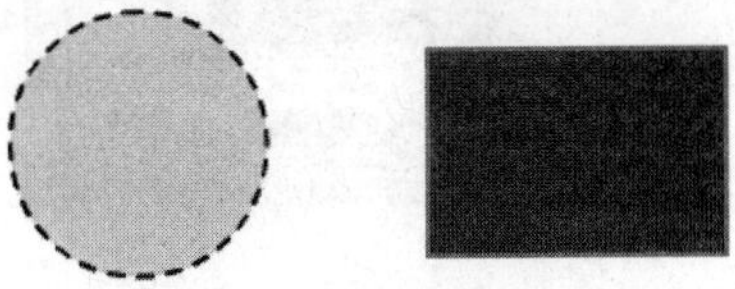

步骤 2:选择【滴管工具】,然后将鼠标移至圆形的边缘处单击,这时会发现滴管已自动转换成墨水瓶形状。

图 3-13　预绘制图形

步骤 3:将鼠标移至右面矩形的边缘处单击,这时就把圆形的边缘效果应用到矩形的边缘上,效果如图 3-14 所示。

步骤 4:选择【滴管工具】,然后将鼠标移至圆形的填充区域。单击,这时就把圆形的填充属性进行复制。

步骤 5:将鼠标移至矩形的填充区域,然后单击,可以看到矩形的填充区域与圆形的一样了,如图 3-15 所示。

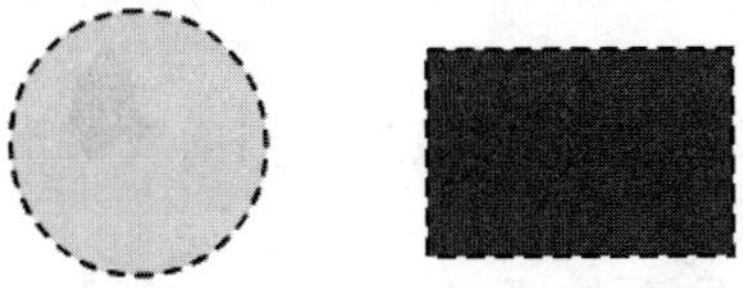

图 3-14　选中图形边缘的效果图

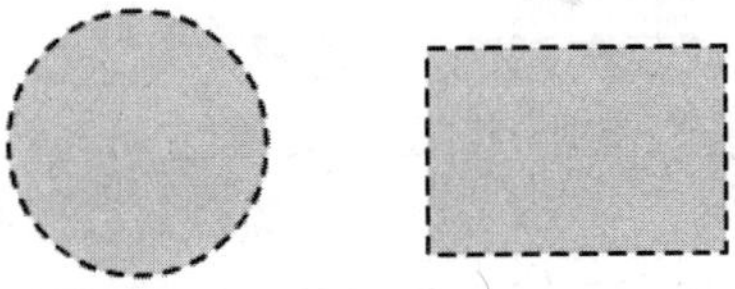

图 3-15　填充效果

3.3　渐变的控制

颜色填充有两种方式:单色填充和渐变填充。设置单色填充的方法前面已经讲过,在此就不再赘述了,下面介绍一下渐变填充的设置。

依次选择菜单栏中的【窗口】|【颜色】命令或者直接单击【颜色】面板,即可出现如图 3-16 所示的对话框。

然后单击 纯色 按钮,这时会出现一个下拉菜单,如图 3-17 所示。

渐变填充有两种类型,一种是【线性渐变】模式,在这种模式下,颜色按直线方向渐变;另一种是【径向】模式,在这种模式下,颜色以圆心为中心沿半径方向渐变。在 Flash CS5 中,用户可以根据用户的需求通过选择【类型】下拉列表中的各选项来设置渐变填充模式。

1.【线性渐变】模式

具体应用为:首先在舞台中绘制一个矩形,如图 3-18(a)所示,选定该矩形,然后单击【颜色】面板按钮,在图 3-17 所示的下拉菜单中选择【线性渐变】,即可得到如图 3-18(b)所示

图 3-16 渐变填充设置

图 3-17 【纯色】下拉菜单

的效果,从中可以看到颜色是按照直线方向渐变的。

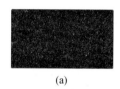

(a)

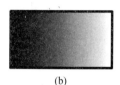

(b)

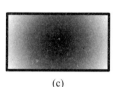

(c)

图 3-18 渐变模式效果图

2. 【径向渐变】模式

【径向渐变】模式的具体应用与【线性渐变】模式类似,只是最后得到的效果不同,如图 3-18(c)所示,可以看到颜色是以圆心为中心沿半径方向渐变的。

在选定具体的填充模式后,要想使渐变色的效果更好,则要用颜色指针进行调节,关于颜色指针的操作主要有以下四种:

(1)增加颜色指针:在渐变颜色条上直接单击,就可添加一个颜色指针,要注意的是:最多允许添加 8 个指针。

(2)设置对应指针的颜色:单击要设置的颜色指针,在颜色选择区中单击合适的颜色,这时在颜色条下方的颜色预览区中就会看到相应的渐变效果。

(3)移动颜色指针:用鼠标选中相应的颜色指针按住不放,然后左右拖动鼠标,即可发现颜色指针的位置会随之改变。

(4)删除颜色指针:只需用鼠标选中要删除的颜色指针,然后将其拖出颜色预览条即可。

3.4 颜色和样本面板的使用

3.4.1 颜色面板的使用

单击【窗口】|【颜色】命令,即可打开【颜色】面板,如图 3-16 所示。

【颜色】面板上显示了两种颜色模式,即 RGB 颜色模式和 HSB 颜色模式。这两种颜色模式的含义在前面已经介绍过了,设计者可以根据自己的需要选择相应的颜色模式,设置具体的数值。

在【颜色】面板中, ![笔触] 按钮表示的是笔触颜色设置,当单击该按钮时,可以进行笔触颜色设置。 ![颜料桶] 按钮表示的是颜料桶颜色设置,当单击该按钮时,可进行相应的颜色设置。例如,单击 ![颜料桶] 按钮,当选中 RGB 颜色模式时,设置相应的 R 值为 116,G 值为 119,B 值为 104,这时,在舞台上绘制的矩形效果如图 3-19(a)所示,当选中 HSB 模式时,设置相应的 H 值为 104,S 值为 50,B 值为 38,这时在舞台上绘制的矩形效果如图 3-19(b)所示。

(a)   (b)

图 3-19 【颜料桶】绘制效果

3.4.2 样本面板的使用

【样本】面板的使用很简单,【样本】面板中提供了很多现成的颜色可以供用户直接使用,此外用户还可以将在【颜色】面板中设置好的颜色作为样本存入【样本】面板中,例如在【颜色】面板中设置好 RGB 数值分别为 255、173、139,如图 3-20 所示。

然后选择【样本】面板,单击下侧空白处,可看到刚才设置好的颜色已经存入【样本】面板中。【样本】面板如图 3-21 所示。

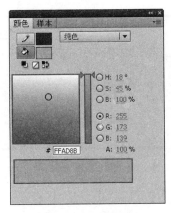

图 3-20 【颜色】面板

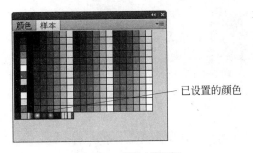

已设置的颜色

图 3-21 【样本】面板

3.5 使用图案和位图填充

使用位图填充可以为所绘制的图形填充背景,选择菜单栏中【窗口】|【颜色】命令,即可弹出如图 3-22 所示的【颜色】面板。

在【类型】的下拉列表中选择【位图填充】选项,这时会弹出如图 3-23 所示的【导入到库】对话框。

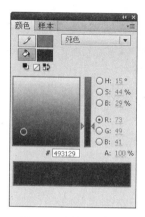

图 3-22 【颜色】面板

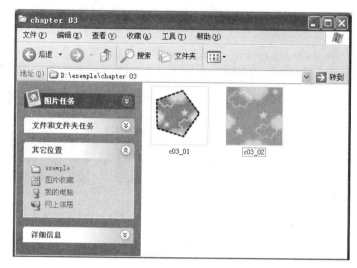

图 3-23 【导入到库】对话框

找到所要导入的图片,单击【打开】按钮,即可将图片应用到绘制图形上。如果以前曾经填充过位图,那么在图形相应的【属性】面板中单击 ▨ ▬ 按钮,这时在弹出的对话框的下方可以看到已导入的位图,如图 3-24 所示,单击该位图即可完成填充。

完成位图的填充后,选择工具箱中的【渐变变形】工具 ▣,在图形的位图填充上单击,这时会显示调节柄,可以对图形进行不同的操作,如图 3-25 所示。

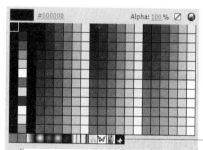

—— 已导入的位图

图 3-24 导入位图到颜色库中

图 3-25 【渐变变形】工具

出现的每个控制柄都有不同的作用:

(1)当光标移至圆形控制柄 ○ 时,拖动该控制柄可以调整位图的位置。

(2)当光标移至方形控制柄 ⊟ 时,拖动该控制柄可以调整位图的宽度。

(3)当光标移至方形控制柄 ⊡ 时,拖动该控制柄可以调整位图的高度。

(4)当光标移至菱形控制柄 ◇ 时,拖动该控制柄可以调整位图的水平倾斜度。

(5)当光标移至菱形控制柄 ◇ 时,拖动该控制柄可以调整位图的垂直倾斜度。

(6)当光标移至环形控制柄 ◌ 时,拖动该控制柄可以调整位图的填充角度。

(7)当光标移至环形控制柄 ◌ 时,拖动该控制柄可以调整位图的大小。

第4章 创建和编辑文本

文字是动画中不可缺少的组成部分,无论是在动画中,还是在网页、广告或者游戏界面中,文字的美化程度达到的视觉效果是不容忽视的。Flash CS5 提供了强大的文字处理功能。通过对本章的学习,可以掌握文字的基本操作。

4.1 使用文本工具

为了熟悉 Flash CS5 的文字处理,需先熟悉文字操作界面。

4.1.1 文字操作界面

菜单栏中的【文本】包含所有对文字的操作,如图 4-1 所示。

【文本】|【字体】:给出了多种字体供使用者选择,图 4-2 给出了几种字体。

【文本】|【大小】:通过数值来设定或者修改文字的大小。

【文本】|【样式】:如图 4-3 所示,包括上标、下标、仿粗体、仿斜体。

图 4-1　文本下拉菜单　　　　图 4-2　字体　　　　图 4-3　样式

【文本】|【对齐】:包括左对齐、右对齐、居中对齐、两端对齐四种对齐方式。

【文本】|【字母间距】:调整字母间距。

【文本】|【检查拼写】:Flash CS5 提供了自动检查拼写的功能。选择【检查拼写】时,会弹出【检查拼写】对话框,如图 4-4 所示。

如果拼写的字段没有出现在 Flash CS5 的单词库中或者拼写错误,则 Flash CS5 认为是"拼写错误",该字段会被选中,而在下面的【更改为】栏中会出现【建议】的第一项,用来显示修改建议。此外,还可以自定义文字组合,选择【添加到个人设置】建立属于自己的单词库。【忽略】选项表示保持这个字段不变;【更改】选项表示用建议中的单词覆盖原文的字段;

【删除】选项表示从文档中删除这个字段。

　　【文本】|【拼写设置】：在图 4-5 所示的对话框中可进行设置文档选项、选择词典、指定个人词典路径、选取检查选项等操作。

图 4-4　【检查拼写】对话框　　　　　　　　图 4-5　【拼写设置】对话框

4.1.2　【文字】面板

　　【文字】面板的功能是在舞台中添加文字。在工具边栏中选择【文本工具】T，在属性栏中可以看到三种文本类型：静态文本、动态文本、输入文本。

　　文字的属性包括以下选项：

　　(1)【位置和大小】面板如图 4-6 所示，在面板中可以修改文本在 X、Y 轴的坐标和文字的宽、高。其中，图标表示不将文字的宽高锁定，图标表示将文字的宽高锁定。

　　(2)【字符】面板如图 4-7 所示，在面板中可以调整字符的系列、样式、大小和颜色等属性。AB 为可选按钮，它决定了上标(T¹按钮)或者下标(T₂按钮)是否处于可选状态；为"将文本呈现为 HTML"按钮；为"在文本周边显示边框"按钮。

图 4-6　【位置和大小】面板　　　　　　　图 4-7　【字符】面板

　　(3)【段落】面板如图 4-8 所示，在该对话框中可以选择文字对齐格式，包括左对齐、居中对齐、右对齐、两端对齐四个按钮；可以调整字符的间距、缩进、行距、左边距、右边距;可以通过【方向】按钮来选择字体的走向。

(4)【选项】选项设置文本超链接属性,包括链接目标和链接位置的设置。

(5)【滤镜】选项提供了对文字的高级处理(如投影、发光等操作)以及简单的文字特效,如图 4-9 所示。

图 4-8 【段落】面板

图 4-9 【滤镜】选项

以上是对涉及文本编辑的基本面板的介绍,后续的章节将介绍文本编辑。

4.2 三种文本类型

1. 静态文本

静态文本在程序中是不能被程序(ActionScript 程序)修改的。此外,用 T 工具创建的静态文本在导出成 SWF 文件后,里面的文字内容是不可再修改的。静态文本适用于比较短小且以后不更改的文本。

在创建静态文本时,选择 T 工具,在属性【文本工具】框里面选择【静态文本】,其余属性自动选择默认,然后在左侧建好的舞台中按鼠标左键拖动,新建一个文本框,该文本框只能左右拖动,不能上下拖动,这便是静态文本区别与动态文本的地方。然后在文本框中输入文本,进行其他操作。如果文本的宽度超过了矩形文本框的宽度,那么将自动换行。

2. 动态文本

动态文本可以显示动态更新的文本,动态文本里面的内容可以被程序(ActionScript 程序)随意改动,当设置程序为一系列变化的量时,可以用动态文本进行动态显示。

在创建动态文本时,选择 T 工具,在属性【文本工具】框里面选择【动态文本】,其余属性自动选择默认,然后在左侧建好的舞台中拖出一个文本框,在此处,文本框可以上下左右拖动。

3. 输入文本

输入文本用于向文本框中输入数字或字母,应用程序可以对输入进行相关操作,它是界面和程序相联系的接口。

以上三种文本在默认输入完毕的情况下,都会出现一个虚线边框,该边框颜色默认为蓝色。

4.3 文本的建立和编辑

4.3.1 文本的建立

在 Flash CS5 中对文字的操作如同在 Microsoft Word 中一样简捷。当选择好了输入框，可以在文本框中输入内容，也可以从其他文档中复制（Ctrl＋C 键）内容，粘贴（Ctrl＋V键）到文本框内，但文本的格式会按照当前 Flash CS5 中对文本的设置来显示。

4.3.2 文本的编辑

在 Flash CS5 中进行文本编辑有两种方式：一种是先输入文字，然后再对文字进行编辑，这是最常用的，也是比较快的文本编辑方法；还有一种是先设置文本编辑属性，然后再输入文字。两种方法都可以实现对文本的编辑，编辑结果也没有区别，用户可以根据喜好，互相结合使用。接下来要用到【字符】面板（如图 4-10 所示）。

（1）对文本字体的编辑——可以通过【文本】|【字体】来选择需要的字体，也可以通过【字符】面板的【系列】选项来选择。

（2）对文本大小的编辑——可以通过【文本】|【大小】来选择，也可以通过【字符】面板的【大小】选项来调整字体的大小和字符间距。

（3）对文本颜色的编辑——可以通过【字符】面板中的【颜色】选项来完成。

（4）对文本对齐方式的编辑——可以通过【文本】|【对齐】来调节，也可以通过【属性】面板中的【段落】选项来调整，其中提供了基本的对齐格式操作。

使用滤镜，可以实现"以简单的操作实现复杂的效果"的功能，滤镜是 Flash CS5 提供给用户的一系列便捷文字特效。选择一个文本框，在【属性】栏中选择【滤镜】面板，如图 4-11所示。

图 4-10 【字符】面板

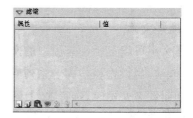

图 4-11 【滤镜】面板

【滤镜】面板左下角有个图标，用来创建新的滤镜，单击会弹出如图 4-12 图所示的【滤镜】选项，选择"投影"效果，通过如图 4-13 所示【投影】属性面板来对投影的属性进行修改，在此，选择投影颜色为灰色，通过图 4-14 和图 4-15 可以比较修改前后的效果。

滤镜是一种工具，同其他工具一起组合使用，可制作出很多精美的效果，其他滤镜操作请读者自行体验，最终掌握，并且融会贯通。

图 4-12　【滤镜】选项

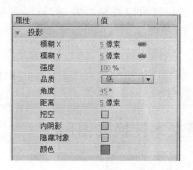

图 4-13　【投影】属性面板

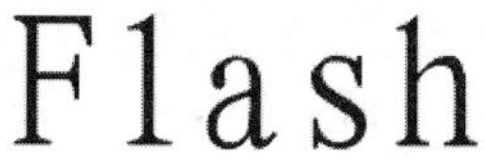

F1ash

图 4-14　修改前

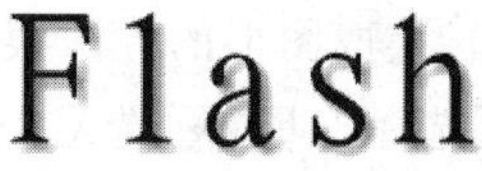

F1ash

图 4-15　修改后

4.3.3　使用工具对文本进行操作

将文本转换成图形,用处理图形的方法处理文字,可增强文字处理效果。

首先介绍颜色工具。 图标表示"笔触"颜色,也就是当文字转换为图片时文字边框的颜色, 【颜料桶】表示文字的填充颜色。【颜料桶】图标的右边有两个图标 ,左边那个表示直接用黑白来分别填充【笔触】和【颜料桶】;右边那个表示将"笔触"和"颜料桶"的颜色对换。下面介绍 Flash CS5 的调色板,如图 4-16 所示。

可以选择其中的任意一种颜色作为笔触颜色和填充颜色,也可以通过【颜色】面板(如图 4-17 所示)来选择纯色、线性、放射状等多种颜色模式。

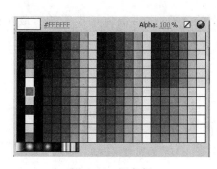

图 4-16　调色板

图 4-17　【颜色】面板

输入文字之后,可以通过四个边角来调整字体外框范围的大小,当鼠标停留到边角时,出现黑色双向箭头,表示可以进行拉伸操作。由于创建的是静态文本,因此,只能进行横向的拉伸。

要对文字框进行移动时,选择【选择工具】 ,当文字框被选中时,默认边框是蓝色线条。选中之后就可以按鼠标左键,拖动鼠标来选择拖动的目标位置。如果在鼠标左键按下的同时按 Ctrl 键或者 Alt 键进行拖动,那么就可以实现对当前选中文字的复制。

选中了字体之后,可以通过【任意变形工具】来对文字框进行进一步的调整。其余的工具如选择工具和部分选取工具,与文字工具相对独立,可参照其他工具的说明。

4.4 将文本转换成图形

在动画的制作过程中经常需要将文本对象转换为图形对象,因为对文本对象只能进行"文字"的编辑,而不能进行"图案"的编辑,一些特殊的效果需要文字图案的图形。

将文本转换成图形的方法很简单:

(1) 用【选择工具】选定需要变化的文字部分,如图 4-18 所示。

(2) 在主菜单中选择【修改】|【分离】命令(快捷键 Ctrl＋B),进行文本分离,如图 4-19所示,分离效果如图 4-20 所示。

图 4-18 选择文本

图 4-19 修改【分离】选项

(3) 如果需转换的文字包括两个或两个以上的字符,则再次执行步骤(2),最终得到如图 4-21 所示的分离效果。

图 4-20 一次分离效果

Flash

图 4-21 两次分离后文字被选中效果

此时如果文字被选中,那么文字表面会呈现出白色点状,这样就可利用选择工具对其中的各字母进行拖动、变色、变形等操作,操作结果如图 4-22 所示。

当文字被分离成图形时,就可以像处理图形一样处理各文字块,读者可以动手做一做。

还可以利用【修改】|【组合】命令(快捷键 Ctrl＋G)对分离的文字图形进行组合。首先利用【选取工具】将要组合的文字图形全选,然后执行【修改】|【组合】命令或者同时按

Ctrl＋G 组合键,就可将文字图形组合起来。

组合效果如图 4-23 所示。

图 4-22　对已分离文字的操作

图 4-23　组合效果图

4.5　文本的扭曲变形

文本的长、宽、高可以直接通过文本的属性进行修改,本节所要讲述的是文本属性工具无法完成的一些扭曲操作,这些操作主要由工具栏中的【任意变形工具】来完成。

首先介绍简单的变形扭曲操作。

选择需要修改的文本,选中【任意变形工具】,此时在文本的周围出现 8 个点,统称为"制约点",出现在文本框中心的空心圆称为"中心圆点"。先来介绍两个水平"制约点"和两个竖直"制约点",如图 4-24 所示。

这 4 个点属于水平竖直的拉伸"制约点",它们所能拉伸的方向是沿着中心圆点和"制约点"的延长线方向进行的双向拉伸,它们相对于中心圆点拉伸的距离是相同的,也就是说,如果拉动中心圆点左侧的"制约点"向左移动 N 个像素,那么中心圆点右侧的"制约点"也会同时向右移

图 4-24　水平竖直"制约点"

动 N 个像素;同样如果拉动中心圆点左侧的"制约点"向右移动 N 个像素,那么中心圆点右侧的"制约点"也会同时向左移动 N 个像素。其他"制约点"也是如此。4 个边角"制约点"可以对文字进行水平和竖直的操作,而且无论是哪个边角"制约点"都可以把整个文字缩小到与中心圆点重合。这表明,8 个"制约点"是围绕中心圆点来对称改变文字的。

如果把鼠标放在文字边框内部,当鼠标光标变成十字花形状时,表示可以对整个文本进行位置的拖动操作。

如果把鼠标放在两个"制约点"的中间,鼠标光标会变成双向箭头形状,表示可以对文字进行扭曲操作。这种扭曲是相对于中心圆点的,整个文本框都保持比例不变的扭曲,扭曲前和扭曲后,各点相对于中心圆点的比例是不变的。例如,如图 4-25 所示,调整一下中心圆点的位置,使它与某两个点在同一条直线上。这样的话,无论怎么扭曲它,这 3 个点永远是在一条直线上的,并且线段 12 与线段 23 的比例是不会变化的,它们一起按照比例进行变化,如图 4-26 所示。由此可知,中心圆点就是变化的参照点,在扭曲文字时适当地修改中心圆点的位置,会得到意想不到的效果。

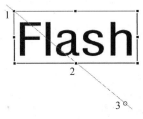

图 4-25　修改中心圆点位置

图 4-26　按比例扭曲效果图例

如果把鼠标放在文字框的 4 个边角附近,鼠标光标会呈现出圆弧箭头形状,表示可以对选定的文本框进行旋转操作,当然旋转也是以中心圆点为旋转中心的。

如果在执行上述操作的同时按 Alt 键,那么原来"以中心圆点为变形参考点"的模式将修改为"以选取点的对角点为变形参考点"模式,如图 4-27 所示,选择右侧边界为移动对象,按 Alt 键进行变形操作会发现中心参考点会随着右侧边界的移动而移动,但是左侧(左侧边界对角)边界不会发生任何变化,并且上述移动是以左侧边界为参考边界的,如图 4-28 所示。

图 4-27　选定右侧边界

图 4-28　按 Alt 键移动后

此变化的结果是以左侧边界为参考边的,其余部分按比例变化。对于其他操作,如扭曲、旋转等也是同理。

4.6　给文本添加超链接

文本的超链接功能在【属性】面板的【选项】中,如图 4-29 所示。

【链接】栏用于输入链接的地址,该地址可以是网络地址也可以是本地的地址。

【目标】是单选下拉菜单,如图 4-30 所示。

_blank 表示新打开一个窗口;

_parent 表示链接到父级窗口;

_self 选项表示打开此框架自身;

_top 表示链接到最顶部的框架。

框架是网络结构名词。加入超链接之后的文字会自动带有下划线,如图 4-31 所示。

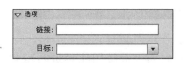

图 4-29　选项

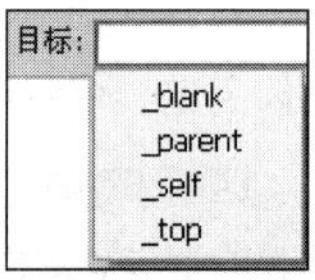

图 4-30　目标

http://www.baidu.com

图 4-31　加入文本超链接的文字

第 5 章　TLF 文字

Flash Professional CS5 新增了名为 Text Layout Framework（以下简称 TLF）的文字引擎，它提供了丰富的文字版面功能和较佳的文字控制，与传统文字比较，TLE 对文字拥有更多更细致的编辑。

相较于传统文字，TLF 文字具有下列功能：

- 额外的字符样式，包括行距、连字、反白标示的颜色、底线、删除线、大小写、数字大小写等。
- 额外的段落样式，包括栏间距宽度、末行对齐选项、边界、缩排、段落间距及容器边框距离值的多选择方式。
- 提供额外的亚洲文字特有的性质，包括直行内横排、文字间距、换行规则类型及行距模型。
- 可以将 3D 旋转、颜色特效及混合模式等特有性质套用至 TLF 文字，不需将它置于影片片段元件中。文字可跨多个文字容器排列。
- 对阿拉伯文与希伯来文可以使用由右到左的顺序。
- 提供双向文字，其中由右到左的文字可以包含由左到右的文字的元素。

下面详细介绍 TLF 文字。

5.1　TLF 文字属性面板

较传统文字属性面板，TLF 文字属性面板有很大的改动，具体如图 5-1 所示。

TLF 文字属性面板新增了【3D 定位和查看】、【高级字符】、【高级段落】、【容器和流】、【色彩效果】、【显示】6 个功能选项。

通过选择属性面板右上角的 图标可激活文字属性的基本选项，如图 5-2 所示，选中【显示亚洲文本选项】和【显示从右至左选项】可激活文本的特殊功能。

属性面板在选中文本框时出现，当双击文本，选择该文本框中文字进行文字编辑时，会减少部分功能，如图 5-3 所示，这是 Flash CS5 中与文本相关的五个选项。

Flash CS5 默认的文字属性是 TLF 文本，和传统文本一样，TLF 文本也有三个选项：

- 【只读】用于显示文字或者对文字进行动画设置。
- 【可选】表示文本可以被选中，但是不能编辑，只能复制。
- 【可编辑】模式不仅可以选择文本，还可以对文本进行编辑，如图 5-4 所示。【水平】、【竖直】选项用于对文本进行水平和垂直的设置，如图 5-5 所示。使用【字符】栏中的【旋转设置】选项可对文本进行简单的旋转。

图 5-1　TLF 文字属性面板

图 5-2　激活文字属性的基本选项

图 5-3　选中文字后【属性】面板

图 5-4　【可编辑】模式

图 5-5　【水平】、【竖直】选项

5.2　TLF 文字功能描述

　　TLF 支持更多丰富的文本布局功能和对文本属性的精细控制,下面逐个介绍这些功能。

　　【位置和大小】:用于改变字符框在舞台上的位置。X 代表横轴,Y 代表纵轴,宽、高分别代表文本框的宽度和高度,可以通过拖曳或者直接修改数字来改变字符框的位置和大小。

　　【3D 定位和查看器】:将舞台视为 3D 坐标系,X、Y、Z 三个选项分别调整文本框在三个坐标上的位置,$X=0$、$Y=0$、$Z=0$ 代表舞台左上角,视为坐标原点,X、Y、Z 不为 0 时,文本框进行相对于原点的移动,体现了"近大远小"的特点,还可以通过此功能来调整透视角度和消失点的坐标。

　　【字符】:【字符】面板如图 5-6 所示。

　　属性面板中的【字符】区段包括下列文字属性:

　　【系列】:代表所选字的字体名称。

　　【样式】:选项包括一般、粗体或斜体。TLF 文字无法使用仿斜体与仿粗体样式。部分字体也可能包括额外的样式,如黑色、粗斜体等。

图 5-6　【字符】面板

【嵌入】：选项用来快捷建立文字元件，将设置好的文字属性作为元件嵌入，增强了文字处理功能。

【大小】：用来控制的字符大小，以像素为单位。

【行距】：文字行之间的垂直间距。默认行距是以百分比来表示，也可以用像素来表示。

【颜色】：选取文字的颜色。

【字距调整】：调整字符之间的间距。

【加亮显示】：文字的背景色，做突出显示用。

【字距调整】：增加或减少特定字符组之间的间距。默认为【自动】选项；【开】选项代表开启字距调整；【关】选项代表关闭字距调整，如图 5-7 所示。

【消除锯齿】：是专门为动画设计准备的功能，通常情况下选择【使用设备字体】或者【可读性】，在动画制作时选择【动画】。如图 5-8 所示，三种模式具体功能如下：

（1）使用设备字体：指定使用本机电脑中安装的字体来显示字体。一般而言，设备字体针对大部分的字体大小都能清楚辨识。

（2）可读性：可改善字体的可读性，特别是小字体。

（3）动画：忽略对齐和字距调整，以建立较为顺畅的动画。

【旋转】：允许旋转个别的字符。旋转角度有两个选项，0°代表强制所有的字符都不旋转；270°旋转主要是用于垂直方向的罗马文字，如图 5-9 所示。

图 5-7　字距调整　　　　**图 5-8　消除锯齿**　　　　**图 5-9　旋转**

其余的【下划线】、【删除线】、【上标】、【下标】四个功能在文字编辑中非常常见，在此不再进行赘述。

【高级字符】：【高级字符】面板如图 5-10 所示。此部分主要包含对文字和数字的大小写、格式、宽度等处理。

【链接】：该选项只在 TLF 文本为"可选"时被激活。【链接】栏用来设置文本的超链接地址，该地址可以是本地地址，也可以是网络地址，如图 5-11 所示。

图 5-10　【高级字符】面板

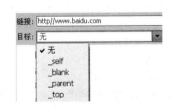

图 5-11　文本超链接

【目标】：选项表示被打开的框架，_self 选项表示打开此框架自身，_blank 选项表示新打开一个窗口，_parent 选项表示链接到父级窗口，_top 选项表示链接到最顶部的框架。加入超链接之后，文本会自动带有下划线。

【大小写】：可以具有以下值：如图 5-12 所示。

（1）默认：使用每个字符的预设大小写。

（2）大写：指定所有字符使用大写字母。

（3）小写：指定所有字符使用小写字母。

（4）大写为小型大写字母：指定所有大写字符使用小型大写文字，此选项要求选取的字体内含小型大写字母，Adobe Pro 字体通常会定义这些文字。

（5）小写字为小型大写字母：指定所有小写字符使用小型大写文字，此选项要求选取的字体内含小型大写字母，Adobe Pro 字体通常会定义这些文字。

希伯来文与波斯-阿拉伯字母不区分大小写，因此不受到此设置的影响。

【数字格式】：决定数字在文本框架中的高度，如图 5-13 所示。

【数字宽度】：设置数字等比或者定宽方式。比如数字 0 与 1 的宽度是不同的，在这里可以设置它们相同。如图 5-14 所示。

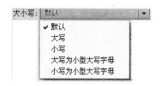

图 5-12　大小写

图 5-13　数字格式

图 5-14　数字宽度

【基准基线】、【对齐基线】：设置对齐基准线。

【连字】：主要针对英文连字的调整。在选中文本框的情况下设置英文字符在书写时连笔的情况。包括通用、非通用、最小值、外来四个选项，如图 5-15 所示。

【间断】：对所选的文字区域进行间断设置。

【基线偏移】：调整所选字符的升降。

【区域设置】：主要用来设置语系，默认选择简体中文。

【段落】用来设置对齐方式以及缩进、间距、边距。其中的对齐选项包括左对齐、居中对齐、右对齐、两端对齐，而两端对齐又分为末行左对齐、末行居中对齐、末行右对齐、全部两端对齐。其面板如图 5-16 所示。

图 5-15　连字

图 5-16　【段落】面板

【边距】设置字符的左右边距，以像素为单位。

【缩进】调整文字首行的左右缩进，以像素为单位。

【间距】调整所选段的段前间距和段后间距，以像素为单位。

【高级段落】是对段落的更细微调整，如图 5-17 所示，它具有以下选项：

【标点挤压】：此属性又称为齐行规则，用于调整标点的大小。可以具有以下值：

（1）自动：此设定为预设值。

（2）间隔：使用罗马齐行规则。

（3）东亚：使用东亚齐行规则。

【避头尾法则类型】：有时称为齐行样式。此属性用于处理日文避头尾字符的选项，在默认的简体中文下不需要该功能。

【行距模型】：行距模型是一种由行距基础与行距方向的组合所构成的段落格式，该功能主要用于罗马文字。

【容器和流】：使用【属性】面板中的【容器和流】区段可对整个文字容器进行调整，其面板如图 5-18 所示。

图 5-17 【高级段落】面板　　　　　　图 5-18 【容器和流】面板

【行为】：通过下拉菜单提供单行、多行、多行不换行、密码功能。只有当选取文本框内文字时，该功能才被激活；如果选取的文字为单个文字，则该功能不起作用。其中的密码功能以圆点（非字母）显示已经输入字符，以保护密码。

【最大字符数】：当 TLF 文本属性选择为可编辑时，该功能才被激活，用来调整文本框内的最大字符容积。最大字符数后面的功能标签用来调整字体在容器中的位置，包括顶对齐、中对齐、下对齐和上下两端对齐等对齐方式。设定值如下：

（1）将文本与容器顶部对齐：从容器顶端向下垂直对齐文字。

（2）将文本与容器中心对齐：将容器中的文字行置中。

（3）将文本与容器底部对齐：从容器底端向上垂直对齐文字。

（4）两端对齐容器内的文本：在容器顶端与底端之间垂直平均分布文字行。

【最大字符数】中的【列】选项表示列的数目，当选取的文字在两行以上时，此选项才被激活。调整【列】选项后面的数字可生成所需的列数。

【首行线偏移】：调整整段在容器中的位置。首行线偏移包括以下值：

（1）点：指定首行文本基线和框架上内边距之间的距离（以点为单位）。

（2）自动：将行的顶部（以最高字型为准）与容器的顶部对齐。

（3）上缘：文本容器的上内边距和首行文本的基线之间的距离是字体中最高字型。

（4）行高：文本容器的上内边距和首行文本的基线之间的距离是行的行高（行距）。

【区域设置】：用来设置语系，此处选择简体中文。

【色彩效果】：色彩的样式（如图 5-19 所示）中包括以下选项：

（1）无：无色彩效果。

（2）亮度：调整亮度百分比。

（3）色调：调整色调和 RGB 三分量的值。

（4）高级：包含 Alpha 通道的调整和 RGB 三分量饱和度的设置，在 RGB 三分量都在 100% 的基础上进行颜色的微调。

（5）Alpha：调整容器内文字的透明度，0 为完全透明，100 为完全不透明。

【显示】：这个选项提供了文字色彩方面的调整功能，包括加亮、强光、反相、Alpha 透明、颜色相减等，混合模式选择板如图 5-20 所示。

图 5-19　色彩样式

图 5-20　混合模式选择板

5.3　容器的衔接

Flash CS5 提供了便于多个文本框（以下称容器）中文字衔接的功能，方便将不同容器中的文字连接起来一同编辑，修改了某一容器中的内容后，其后续容器中的内容自动修改，而不改变原来的文本顺序和格式，效果如图 5-21 所示。

选择【文本工具】T 后，在舞台上建立第一个文本容器，输入文本。当输入的文本超过了容器大小时，容器右边框会出现红色田字框，表示文本溢出，如图 5-22 所示。

选择左边框上的【容器扩展工具】，在另一空白区域按下鼠标左键，拖动鼠标可建立一个新的容器，且该容器是上一个容器的前导。如图 5-23 所示，以新生容器为起始容器，文字向后排列。选择右边框上的田，拖动出一个新容器来，如图 5-24 所示，上一个容器放不下的文字会自动调整到新生成的容器中去，并且在修改原容器中的内容时，文字会自动向新容器中填充，如图 5-25 所示。

图 5-21　文字衔接效果

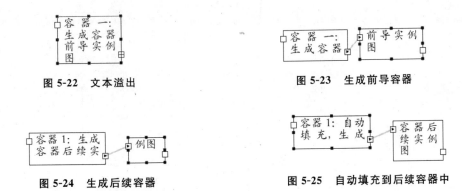

图 5-22　文本溢出

图 5-23　生成前导容器

图 5-24　生成后续容器

图 5-25　自动填充到后续容器中

　　此功能大大提高了文字排版的方便性,其中的连接线说明了容器的前后关系,最后,通过对每个容器位置大小的调整来消除文字溢出。

　　双击边框的连接点,可以取消容器之间的连接,后续填充的文字会回到前一个容器中去,被取消连接的容器仍然可以通过【容器扩展工具】□继续建立连接。

第6章 处理图形对象

对图形对象的处理主要有两个途径,第一个是利用菜单栏【修改】菜单下的图形处理工具,第二个是利用【工具】面板中的各种工具。图6-1和图6-2所示分别是【修改】菜单和【工具】面板。

图 6-1 【修改】菜单

图 6-2 【工具】面板

其中,【修改】菜单下的图形处理工具包含【工具】面板中的所有操作,但通过将一些常用的工具放在【工具】面板里,可加快图形处理的速度。

6.1 变形工具的使用

变形工具是最常用的图形处理工具之一。这里首先介绍【任意变形工具】面板 中的变形工具。【任意变形工具】 中包含"紧贴至对象" 、"旋转与倾斜" 、"缩放" 、"扭曲" 、"封套" 五种处理方法,除了"紧贴至对象"是默认被选中的,其他四种方法都需要手动选中。

6.1.1 紧贴至对象

这个功能可以将对象沿着其他对象的边缘直接与它们对齐的对象紧贴。在移动对象至目标位置时会提供参考点,这对动画以及图形的对齐操作至关重要。

6.1.2　旋转与倾斜

在舞台上导入一个矩形,然后使用【修改】|【组合】命令将这个矩形与边框组合。

选中【任意变形工具】后在矩形四周会出现 8 个制约点,这一效果就如同在第 4 章中对文字图形的操作,如图 6-3 所示。

选择【旋转与倾斜】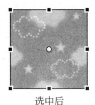选项,然后将鼠标放在这 8 个制约点上,可以出现对制约点的倾斜或者旋转操作,矩形的旋转是以中心圆点为旋转中心的,倾斜是以倾斜边移动而对角边不动的方式进行的;如果按 Alt 键

选中前　　　　　选中后

图 6-3　修改选中效果

进行倾斜或者旋转,则旋转中心是倾斜点的对点,倾斜的方式是两侧相对于中心圆点进行等比例相对倾斜,一边倾斜,则另一边也跟随着一起倾斜。图 6-4 所示的是倾斜前、倾斜后和按 Alt 键倾斜后的效果。

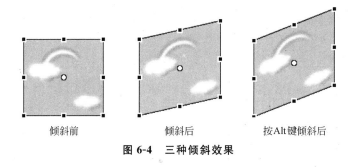

倾斜前　　　　　　　倾斜后　　　　　　按Alt键倾斜后

图 6-4　三种倾斜效果

6.1.3　缩放

选中矩形后选择【缩放】选项,开始对图形进行缩放操作。当鼠标放在区域内部时,进行的是对图形的平移操作,放在四条边中心时,分别进行的是对矩形的向上、下、左、右的缩放操作,放在四个边角点时,进行的是对整个矩形的整体缩放操作。缩放时,若不按住 Alt 键,中心圆点会跟随缩放一起移动;按住 Alt 键缩放时,中心圆点不移动,缩放都围绕着中心圆点进行,缩放效果如图 6-5 所示。

原图　　　　　　缩放效果1　　　　　　缩放效果2

图 6-5　缩放效果图

6.2 扭曲和封套

扭曲和封套也是【工具】面板【任意变形工具】栏下的子工具。

6.2.1 扭曲

选中矩形后,执行【修改】|【分离】命令将合并的图像分离,在图像选中时选择【任意变形工具】中的【扭曲】选项,这时原矩形的中心圆点消失了,如图 6-6 所示。

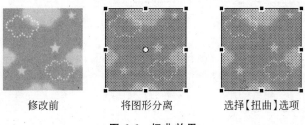

修改前　　　　　　将图形分离　　　　　选择【扭曲】选项

图 6-6　扭曲效果

将鼠标放置在 8 个制约点的任意一个点上,这时鼠标光标变为黑边空心状,可以对矩形进行任意角度的扭曲,但是扭曲边的对边是不动的,扭曲结束仍然没有中心圆点出现,如图 6-7 所示。

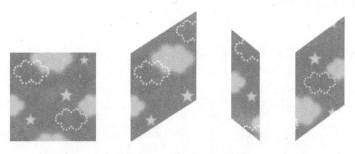

图 6-7　任意扭曲效果图

按不按 Alt 键对该方法产生的扭曲效果没有影响。

6.2.2 封套

先将矩形选中,再执行【修改】|【分离】命令将合并的图像分离,在图像选中时选择【任意变形工具】中的【封套】，可以看到原矩形的周围出现了很多制约点,其中每个方形点周围都多出了两个圆形点,左右各一个。这两个圆形点分别体现了方形点向两侧的切线的方向,换句话说,任意一个方形点与它邻近的圆形点的连线就是该方形点与整个矩形相切的切线段,可以通过控制切点段的方向来控制这个矩形的形状,这便是"封套"的含义所在。其操作分别如图 6-8、图 6-9 所示。

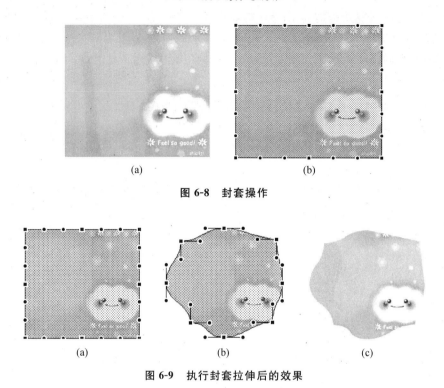

图 6-8　封套操作

（a）　　　　　　　　　　　（b）　　　　　　　　　　　（c）

图 6-9　执行封套拉伸后的效果

6.3　变形面板的使用

首先来认识一下【修改】栏中的变形功能，如图 6-10 所示。

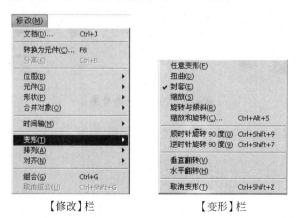

【修改】栏　　　　　　　　　　　【变形】栏

图 6-10　【变形】菜单

这个面板中的任意变形、扭曲、封套、缩放是在 6.1 节所提到的【工具】面板中的选项，它们的作用是一模一样的，在这里不再进行赘述。其中的"顺时针 90 度"、"逆时针 90 度"、"垂直翻转"、"水平翻转"可分别对图像进行相应的操作。其效果如图 6-11 所示。

调出【变形】面板的快捷键是 Ctrl＋T，如图 6-12 所示。这个面板包含很多操作，其中，

↔ 100.0％代表水平缩放比例，↕ 100.0％代表竖直缩放比例，⊙旋转代表旋转，以角度为参数、图形的中心点为圆心进行旋转。⊙倾斜代表倾斜，以水平角度和竖直角度为参数、水平中心线为轴线进行倾斜。🔗表示"锁定"，它的功能是控制水平缩放比例与竖直缩放比例相同，在默认情况下为不锁定🔗状态。🔄代表重置操作，返回上一步。对于【重置选区和变形】🔳和【取消变形】🔳将在 6.6 节复制变形的应用中重点介绍。

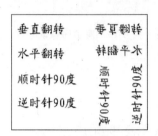

图 6-11　变形操作效果图

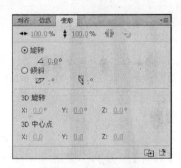

图 6-12　【变形】面板

6.4　图形的排列和对齐

图形的排列和对齐是【修改】栏下的功能，其版面如图 6-13 所示。

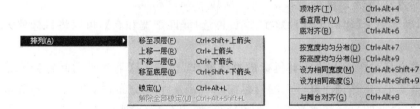

图 6-13　【排列】、【对齐】菜单

6.4.1　排列

【排列】选项用于实现对多个图片的层次编排功能，有的时候很多图片会被排到一起，如图 6-14 所示。

比如，当需要彩虹图像块置底时，只需要选择【排列】|【移至底层】命令，就可以实现该图像块置底，如图 6-15 所示。

【排列】中的其他选项如【上移一层】等的功能均和名字相同。若对某图像块进行了锁定操作，则该图像块将无法改变其层次，锁定之后还可以使用【解除全部锁定】选项来解除锁定。

图 6-14　多个图片重叠　　　　　　图 6-15　彩虹图像块置底

6.4.2　对齐

调出【对齐】面板的快捷键是 Ctrl＋T,【对齐】面板如图 6-16 所示。

其中【对齐】一栏包含 ▣【左对齐】、♨【水平中齐】、◳【右对齐】、▛【顶对齐】、▥【垂直中齐】、▆【底对齐】六种对齐方式。

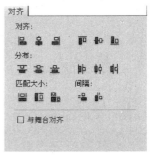

图 6-16　【对齐】面板

【分布】一栏包含 ▤【顶部分布】、▤【垂直居中分布】▄【底部分布】、▐【左侧分布】、▐【水平居中分布】、▐【右侧分布】六种分布方式。

第三栏是【匹配】操作,它的功能是将所选的目标与舞台进行匹配,其中包含 ▣【匹配宽度】、▥【匹配高度】、▆【匹配宽和高】,分别表示所选目标的宽度、高度、宽高与舞台相同。

也就是说,如果选中了【相对于舞台】▢ 选项,再选择【匹配宽和高】,可以将目标放大或者缩小到与舞台同宽高。

【间隔】操作是对舞台上的所有目标的整体操作,包括 ▆【垂直平均间隔】、▐【水平平均间隔】。【垂直平均间隔】使舞台上的目标按垂直高度平均分布,如图 6-17(b)所示;【水平平均间隔】使舞台上的目标按水平宽度平均分布,如图 6-17(c)所示。

(a) 原图　　　　　　　　(b) 按垂直平均间隔分布　　　　　　(c) 按水平平均间隔分布

图 6-17　对齐效果图

【修改】|【对齐】中关于对齐的操作也很简单。其中【左对齐】、【右对齐】、【居中对齐】等选项均以其名字决定其操作功能。

其他分布效果如图 6-18 所示。

(a) 原图　　　　　　　　(b) 按宽度均匀分布　　　　　　　(c) 按高度均匀分布

图 6-18　均匀分布效果

【设为相同宽度】和【设为相同高度】选项用于把选中的图形设置成相同的宽度和高度，但是设置前一定要将图形组合。

【相对舞台分布】用于将所选对象与舞台对齐。

6.5　形状和合并对象

6.5.1　形状

【形状】面板如图 6-19 所示。

图 6-19　【形状】面板

【高级平滑】选项可以使曲线在变得柔和的基础上，减少整体方向上的突起或者其他变化，同时也减少曲线的线段数目。这个操作只是相对的，它并不影响直线段。

【高级伸直】选项与平滑相反，这个操作是通过调整伸直强度来伸直线段，用来将已绘制的线条和曲线调整得更直一些。当然这个操作对直线段是无效的。

【优化】选项通过减少用于定义元素的曲线数目来改进曲线的轮廓，并且能够减小最后导出的 Flash 影片的大小。该优化功能可以重复对相同元素进行优化，直到不能再优化。【优化】面板如图 6-20 所示。

其中，【显示总计消息】是为了在优化后显示优化了多少，如图 6-21 所示。

【将线条转换为填充】将图形中的线条转换成可填充的图形块，不但可以对线条的色彩范围进行更精确的造型编辑，还可以避免在视图显示比例被缩小时线条出现锯齿和相对变粗的现象。

【扩展填充】可以将直角形状变成圆角形状，面板如图 6-22 所示。

图 6-20 【优化】面板   图 6-21 显示总计消息

其中,【距离】表示扩展填充的强度,也可以表示扩展范围。【方向】中的【扩展】表示向外扩展,【插入】表示向内扩展。

【柔化填充边缘】面板如图 6-23 所示。其中,【距离】表示柔边的宽度(像素)。【步长数】指控制柔边效果的曲线数目,使用的步长越多,效果就越平滑,并同时使文件变大进而降低绘画速度。【扩展】指柔化边缘时放大形状的程度。【插入】指柔化边缘时缩小形状的程度。

图 6-22 【扩展填充】面板   图 6-23 【柔滑填充边缘】面板

6.5.2 合并对象

【合并对象】面板如图 6-24 所示。

合并对象有四种操作:【联合】、【交集】、【打孔】、【裁切】。

【联合】是将若干幅图片连接在一起成为一个图片,删除重叠部分,留下不重叠的部分。联合后使用联合前可以看到的最顶层的颜色和笔触。

【交集】是将若干图片的重叠部分留下,删除其余不重叠的部分,交集后使用交集前可以看到的最顶层的颜色和笔触。

图 6-24 【合并对象】面板

【打孔】是为了删除某些部分,这些部分由覆盖在所选对象前面的对象并与所选对象重叠的部分决定,打孔操作会删除这些部分,并且完全删除覆盖在该被删除部分上面的图形,这个操作的效果就好像真正的打孔一样。

【裁切】可以使用一个对象来对另一个对象进行裁剪。高一层的对象决定裁切区域,裁切后保留裁切区域与被裁对象的重叠部分,删除其他部分,以及原来高一层的对象。

6.6 复制变形的应用

对于抽象图形的制作,就需要用到复制变形。所谓的复制变形有两重含义,首先是复制,然后是在复制之后变形。这种操作在处理相似图形渐变而组成的抽象图形的创建中,用处广泛而简便。

　　首先选中舞台,在舞台中创建一个图形,选中这个图形,按 Ctrl＋T 键,在右侧的边栏中弹出如图 6-25 所示的【变形】面板。

　　此面板中↔ 100.0% 和 ↕ 100.0% 分别代表横向和纵向的缩放,🔒 表示缩放锁定开关,下面有两个选项,分别是【旋转】和【倾斜】,它们后面的选项分别是旋转和倾斜的角度,可以供用户选择。

　　在舞台中导入一张图片,选中该矩形,选择【变形】面板中的旋转,选择角度为 26°,如图 6-26 所示。

图 6-25　【变形】面板

图 6-26　设置为旋转 26°

　　设置好之后,所选中的图形会随之旋转 26°,如图 6-27 所示。

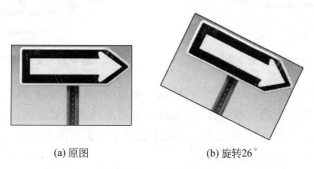

(a) 原图　　　　　　　　　　(b) 旋转26°

图 6-27　旋转变形

　　单击右下角的【重制选区和变形】按钮 📲,此时在原图上出现了一个新的图片,这个图片的旋转角变成了 52°,也就是相对于原图形变化了 26°,这和设置的 26°相符。总体来说,一次"重制选区和变形"操作就是将原来的图形复制一遍,然后按照设置的角度旋转或者倾斜。图 6-28 和图 6-29 分别显示了执行"重制选区和变形"操作 3 次和 5 次的结果。

　　这种操作如果看成是矩形的等角度旋转也未尝不可,既完成了复制,又完成了变形。

　　对于【变形】的【倾斜】选项,既可以水平倾斜,也可以垂直倾斜。如同【旋转】,它先将图形倾斜,然后再进行复制变形操作,可以完成多倾斜的复制和变形。在舞台导入一张图片,对其进行倾斜 26°操作,如图 6-30 所示。

　　单击右下角的【重制选区和变形】按钮 📲,此时在原图上出现了一个新的图形,这个新图形的倾斜角度变成了 52°,就是在原图的基础上再次进行倾斜 26°操作。图 6-31 和图 6-32 分别显示了执行复制变形操作 3 次和 5 次的效果。

图 6-28　重制选区和变形操作 3 次

图 6-29　重制选区和变形操作 5 次

(a)原图

(b) 倾斜26˚

图 6-30　倾斜 26˚

图 6-31　复制倾斜变形 3 次

图 6-32　复制倾斜变形 5 次

可以看出,这些图形都是围绕一个中轴倾斜的,复制变形工具同时完成了复制和倾斜操作。这种操作可以和其他功能相结合,以创造出令用户满意的效果图。

【变形】面板的右下角的 图标表示的是【取消变形】操作,即取消上一次的变形操作,使选中的图形回到无变形无倾斜的状态。

第7章　使用元件和库

7.1　元件和实例的概念

1．元件

元件是指 Flash 中由用户创建的图形、按钮或者影片剪辑。元件会自动保存为库中的一部分，即使被多次引用，在动画中每个元件也都只存储一次。如果对元件进行了修改，则所有引用元件的实例都会被修改。也就是说，元件就像是一个宏，修改了宏，便是修改了这个宏所有的引用。

元件一旦创建，就可以在 Flash 中反复使用，而原始数据只需要保存一次，这一特性可以减小文件的大小。当然，随着网络带宽的提高，这种减小文件大小的优势已经逐渐被忽略，元件存在的意义突显在它的可重用上。重用使影片的制作事半功倍，特别是在处理一组相同或者相似功能的元素时，更体现出使用元件的优势。

元件也是构成交互电影的不可缺少的部分，用户可以利用元件的实例在电影中创建交互。使用元件还可以加快电影在网络中的下载速度，因为同一个元件只允许被浏览器下载一次。如果用户把电影中的静态图形，如背景图像转换成元件，那么就可以减小电影文件的大小。

2．实例

实例是元件在场景中的应用，它是位于舞台上或者嵌套在另一个元件内的元件副本。实例的外观和动作无须和元件一样，每个实例都可以有不同的大小和颜色，并且可以提供不同的交互。编辑元件会更新它所有的实例，但对元件的一个实例应用效果则只更新该实例。

元件和实例的关系就好像是规则和按照规则的产物的关系。例如，元件好比是制作电脑的规则方法，它是一个宏观意义的概念，而实例好比是按照这个规则制作出的电脑。当然，现在电脑的型号有很多种，大小、速度等都不同，但是它们的基本原理都是冯·诺依曼结构。修改元件会影响所有该元件产生的实例。在制作动画时，会反复用到元件和实例。

7.2　元件的创建方法

创建元件的方法有三种：第一种是菜单创建，选择菜单栏的【插入】|【创建新元件】选项即可完成对元件的创建；第二种是利用【库】面板的 ▼ 图标，单击该图标出现元件对话

框,单击【新建元件】按钮可完成对元件的创建;第三种是快捷键创建。请记住,创建元件的快捷键是 Ctrl+F8。利用以上三种方法都可以创建新元件,弹出的对话框如图 7-1 所示,一个是基本选项,一个是高级选项,单击【创建新元件】对话框中的【高级】按钮就可以弹出高级选项。

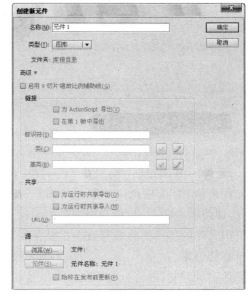

基本选项　　　　　　　　　　　　　　　高级选项

图 7-1　【创建新元件】对话框

7.3　元件的三种类型

在创建元件时,可以选择创建的元件类型有三种:图形元件、影片剪辑元件和按钮元件,下面分别介绍。

7.3.1　创建图形元件

在弹出的【创建新元件】对话框的【类型】下拉菜单中选择【图形】,如图 7-2 所示。

图 7-2　【创建新元件】对话框

单击【确定】按钮就可以新建图形元件。

创建图形元件的对象可以是导入的位图图像、矢量图像、文本对象，以及用 Flash 工具创建的线条色块等。

图形元件可以包含图形元素或者其他图形元件，它接受 Flash 中大部分变换操作，如大小、位置、方向、颜色设置以及动作变形等。

7.3.2　创建按钮元件

在弹出的【创建新元件】对话框的【类型】下拉菜单中选择【按钮】，如图 7-3 所示。

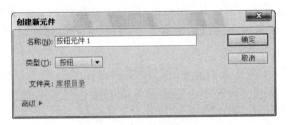

图 7-3　创建按钮元件

按钮元件除了拥有图形元件的全部变形功能外，其特殊性还在于它具有 4 个状态帧：弹起、指针经过、按下和单击，如图 7-4 所示。

图 7-4　4 个状态帧

4 个状态帧的解释如下：

- 弹起：该帧代表当没有经过该按钮时，该按钮的状态。
- 指针经过：该帧代表当指针滑过该按钮时，该按钮的外观。
- 按下：该帧代表单击该按钮时，该按钮的外观。
- 单击：该帧用于定义响应单击区域，此区域在 SWF 文件是不可见的。

下面举例来说明按钮元件的创建过程。

（1）在一个舞台上创建一个按钮元件（具体创建方法参看 7.2 节），将其命名为：按钮元件 1，类型选择【按钮】，单击【确定】按钮完成元件的创建，并且进入元件编辑模式。进入按钮编辑模式时，时间轴上出现四个不同名字的帧，分别是："弹起"、"指针经过"、"按下"和"单击"。"弹起"帧是默认当前帧，并且是关键帧。

（2）右击时间轴上的"指针经过"帧，选择【插入关键帧】，此处进行的就是对指针经过这个按钮时的编辑操作。指针掠过该按钮时，显示设置的效果。

（3）右击时间轴上的"按下"帧，选择【插入关键帧】，编辑按下该按钮时按钮的状态。

（4）右击时间轴上的"单击"帧，选择【插入关键帧】，编辑单击该按钮时按钮的状态。这

———— Flash 动画设计与制作 ————

个帧在预览的时候是不可见的,因为它是为了响应而诞生的,属于交互部分,也就是说,这个帧就是对单击该按钮之后的效果进行编辑的接口。

　　(5)按钮创建好之后,单击舞台左上角的【场景 1】图标 场景1回到舞台编辑模式,在右侧【库】栏中找到刚刚所编辑的按钮,按鼠标左键拖动该按钮的元件图标 按钮1,将其拖入舞台中,完成将元件加入到舞台的指定位置。

　　(6)同时按 Ctrl+Enter 键,预览制作好的按钮的效果。

7.3.3　创建影片剪辑元件

　　影片剪辑元件就是平常说的 MC(Movie Clip)。通常任何可以看到的对象都可以创建为一个影片剪辑,影片剪辑中也可以嵌套着影片剪辑,还可以将一段动画(逐帧动画)转换成影片剪辑元件。

　　制作好的影片剪辑元件在主场景中的时间轴只占用了一个关键帧,是作为一个独立的对象出现的,它的内部可以包含若干个图形元件或者按钮元件。其主要目的是将一段动画作为子动画加入到舞台当中,该子动画只占用一个关键帧。

　　Flash 中创建影片剪辑元件的方法同图形元件的创建方法类似,不同的地方在于在【创建新元件】对话框的【类型】下拉选项中选择【影片剪辑】,如图 7-5 所示。

图 7-5　影片剪辑元件的创建

7.4　编辑元件

7.4.1　复制元件

　　在介绍编辑元件之前,先介绍一下复制元件的方法。复制元件也可以看做是创建元件的一种方法,只不过该方法是以现有元件为基础的。

　　复制元件的方法有以下三种。

1. 使用【库】面板复制元件

在【库】面板中选择一个要复制的元件,单击【库】面板右上角的 图标,弹出对话框,选择【直接复制】,如图 7-6 所示,弹出【直接复制元件】对话框,在该对话框中输入新建的复制元件的名称和类型,单击【确定】按钮,所选的元件即被复制,而且原来元件的实例也被复制元件的实例代替。

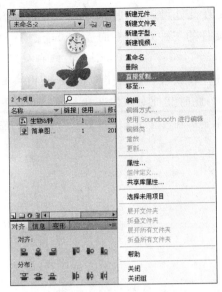

图 7-6 【直接复制元件】对话框

2. 直接对元件操作

右击要被复制的元件,在弹出的对话框中选择【直接复制】选项,如图 7-7 所示,也可以实现对元件的复制,并且同样出现图 7-6 右边的对话框。

3. 通过实例复制元件

如果想要通过选择实例来复制元件,那么可以在舞台上选择一个目标实例,然后选择菜单栏中的【修改】|【元件】|【直接复制元件】选项,如图 7-8 所示,打开【直接复制元件】对话框,在【元件名称】中输入新元件的名称,单击【确定】按钮完成复制元件。

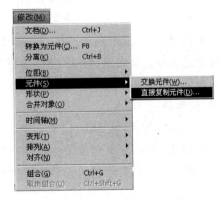

图 7-7 选择【直接复制】选项 图 7-8 选择【直接复制元件】选项

7.4.2 编辑元件

Flash 提供了三种编辑元件的方法。在舞台上选择一个元件的实例,右击会看见一个如图 7-9 所示的快捷菜单栏,这里只是取一部分。在此处可以看到三个选项:【在当前位置编辑】、【在新窗口中编辑】、【编辑】。这就是编辑元件的三种方法,下面逐个讨论。

1. 在当前位置

在菜单栏中选择【编辑】|【在当前位置编辑】选项,或者在舞台上双击该元件的一个实例,可以在该元件和其他对象在一起的舞台上编辑,此时其他对象以灰色显示,这样便于与其他元件区分开。同时,正在被编辑的元件的名称显示在左上角【场景】图标 场景1 的右侧,如图 7-10 所示。

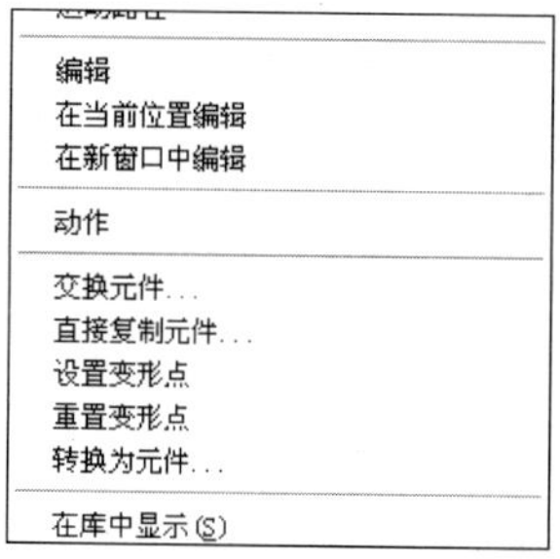

图 7-9 快捷菜单栏

图 7-10 编辑当前元件

此时,可以根据需要对此元件进行编辑。编辑好之后,用户需要回到舞台模式,回到舞台模式的方法有三种:

(1) 在舞台左上角的编辑栏中单击【返回】按钮 。

(2) 在舞台上方的编辑栏中单击需要进入场景的名称。

(3) 选择菜单栏中的【编辑】|【编辑文档】选项。

2. 在新窗口中

在新窗口中编辑元件指的是在一个单独的窗口中编辑元件。在这种模式下,可以同时看到该元件和主时间轴。当前正在编辑的元件的名称会显示在舞台左上方的编辑栏内。

操作过程:在舞台上选择一个要编辑元件的实例右击,选择【在新窗口中编辑】选项,进入新窗口编辑模式,可以得到如图 7-11 所示的窗口。

编辑好之后单击窗口上的【关闭】按钮 关闭新窗口,然后再单击左上角的场景名称选择要进入的场景,进而退出元件编辑模式。

3. 在元件模式下

进入元件编辑模式可以通过以下 5 种方式:

(1) 在【库】面板中选择要编辑的元件双击。

(2) 在舞台上选择要编辑的元件的实例右击,在弹出的快捷菜单中选择【编辑】选项。

(3) 在舞台上选择要编辑的元件的实例,然后选择菜单栏中的【编辑】|【编辑元件】选项。

(4) 在【库】面板中选择要编辑的元件,在【库】选项下拉菜单 中选择【编辑】。

进入元件编辑模式后,就可以对元件进行编辑。

图 7-11 在新窗口中编辑元件

7.5 库的基本概念和操作

在 Flash 中,库是用来存放元件、位图、声音以及视频文件元素的,【库】面板中的列表主要用来显示库中所有项目的名称,利用库可以方便地查看、组织和编辑这些内容。库是进行实例之间编辑的接口,也是提供共享元素的接口。

打开【库】面板的方法有两种,使用快捷键 F11 或同时按 Ctrl+L 键。【库】面板包含了元件预览窗、排序按钮以及元件项目列表,同时在【库】面板的底部提供了方便的快捷操作按钮,如图 7-12 所示。

图 7-12 【库】面板

【库】面板的顶部显示了按钮元件 1 的预览情况。下面的排序按钮包括【名称】、【链接】、

【使用类型】、【修改日期】、【类型】。这些不仅仅是属性的显示，单击某按钮，项目列表就按照其标明的顺序排列。

在元件被创建时，Flash 会自动为元件进行默认命名，如"元件 1"、"元件 2"、……为了使元件便于识别，用户可以自定义元件的名称。在修改名称时，只需要在创建好的元件的名称上双击即可进入名称编辑模式，对名称进行修改，修改后按 Enter 键确认。

还可以从图标来识别元件的类型，表示按钮类型元件，表示图形元件，表示影片剪辑元件。通过【类型】排序按钮也可以看到。

【库】面板的左下方有四个快捷操作按钮，它们分别是【新建元件】、【新建文件夹】、【属性】、【删除】，这些快捷键可以方便库的操作。

【库】面板的右上角有一个快捷菜单按钮，单击这个按钮就会弹出一个菜单，【库】面板快捷菜单包含【新建元件】、【新建文件夹】、【新建字形】、【新建视频】等选项，以及关于元件的一系列（如【删除】、【重命名】、【直接复制】等）操作，它们都是针对元件的操作。其中有一个比较独特的选项就是【选择未用项目】，通过该功能选择未使用的项目并进行删除，可以使编辑过程简单化，去掉无用的项目，使界面看上去既整洁又减少了生成文件的大小。

简单介绍一下可以对库进行的基本操作。

1. 编辑对象

可以通过在【库】面板菜单中选择【编辑】命令，然后进入元件编辑模式进行元件的编辑。如果要编辑文件，可以选择【编辑方式】命令，然后在外部编辑器中编辑完导入的文件之后，再使用【更新】命令更新这些文件。

2. 使用文件夹

在【库】面板中，可以使用文件夹来组织项目。当用户创建一个新元件时，它会存储在选定的文件夹中。如果没有选定文件夹，那么该元件会存储在根目录下。

3. 重命名库项目

在【库】面板中，用户还可以重命名库中的项目。不过，更改导入文件的库项目不会更改文件的名称。要重命名库项目，应进行如下操作：双击该项目的名称，在【名称】列的文件本框中输入新名称。或者选中该项目，单击【库】面板下方的【属性】按钮，打开元件属性对话框，在【名称】一栏中输入新名称，单击【确定】按钮。

7.6 素材公用库

7.6.1 使用公用库

使用 Flash CS5 自带的公用库，可以向文档中添加按钮或声音。想要使用公用库，可以选择菜单栏中的【窗口】|【公用库】，会弹出一个低级列表，里面包括三种公用库，如图 7-13 所示。里面包含声音、按钮、类三种库，分别单击它们，可以看到如图 7-14 所示的选择框。

公用库就是系统自带的已经制作好的库，它们的使用方

图 7-13 公用库

声音库

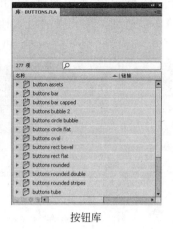
按钮库

类库

图 7-14 三种公用库

法同元件一样，直接拖到【库】面板中使用。

7.6.2 使用共享资源

使用共享资源，可以将一个 Flash 影片中的元素共享提供给其他 Flash 项目进行使用，这样是为了提高元素的重用性，可以大大减少影片的开发周期。

1．设置共享库

要设置共享库，首先打开要将其【库】面板设置为共享库的 Flash 影片，然后选择【窗口】|【库】命令，打开【库】面板，单击面板右上角的下拉菜单按钮 ，在弹出的菜单中选择【共享库属性】命令，打开如图 7-15 所示的对话框。

图 7-15 【共享库属性】对话框

在 URL 一栏中输入地址，该地址可以是本地硬盘的地址，也可以是互联网上的某服务器地址。

2．使用共享元素

使用共享元素并不会减少文件的字节数，在影片播放前，仍然需要将所需的所有元素全部下载才能播放。但是如果在影片中使用了大量相同的元素，则会大大减小文件的尺寸。

使用共享元素，要先打开新建元素的【库】面板（通过选择【窗口】|【库】打开），然后再选择【文件】|【导入】|【打开外部库】命令，弹出路径选择框，选择所需的目标文件，单击导入。打开包含该元素的 Flash 文档，打开该文档的库，然后选择要使用的元素，直接将其拖曳到新建库的舞台中即可。这时，这个元素就被引入到了新建库中。右击该共享元素，在弹出的

快捷菜单中选择【属性】，如图 7-16 所示，在弹出的对话框中选择【为运行时共享导入】，在下面的 URL 中填入地址，这个 URL 地址是该元素的引入地址。此时，表明该元素为引用的共享元素。

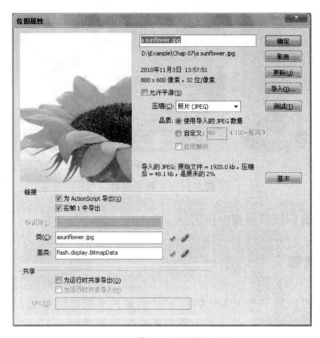

图 7-16 【位图属性】对话框

第8章 基础动画设计

本章的内容可以大体分为两部分。第一部分包括"帧"的基本概念、类型以及相关的操作(如插入、删除、剪切、复制等);第二部分是几种最基本的动画类型及其制作步骤,包括逐帧动画、补间动画、形状补间动画以及传统补间动画。8.6节介绍"动画预设"功能的基本作用与使用步骤,按其实质内容划分应属于第二部分。本章的内容比较基础,但十分重要,因为第9章"高级动画技巧"~第12章"脚本基础和实例"之间的很多内容都是以本章的内容为基础的。

8.1 创建帧和关键帧

首先介绍 Flash 动画在时间域上的基本单元——帧(Frame)。例如,传统电影放映过程中,每秒钟要连续显示 24 张胶片,其中,每一张胶片就称为一帧。在 Flash CS5 中,默认的情况下,每秒钟同样要连续播放 24 帧画面。在舞台的空白区域右击,在弹出菜单中选择【文档属性】(如图 8-1 所示),在弹出的对话框中通过设置"帧频"参数来控制 Flash 动画的播放速度(如图 8-2 所示)。其中,fps 是 Frames Per Second(即每秒播放帧数)的缩写。图 8-2 中所示的 24 fps 即表示每秒钟播放 24 帧。

图 8-1 文档属性

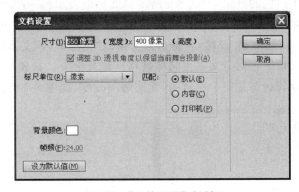

图 8-2 【文档设置】对话框

在 Flash CS5 的开发界面中,舞台的下方有一个称为【时间轴】栏目,如图 8-3 所示。时间轴右侧部分是一条标尺及一行或多行矩形的方格,标尺上的每一刻度代表一帧。时间轴左侧部分是图层面板(关于图层的相关内容会在第 9 章进行详细介绍),每一个图层都与右侧的一行矩形方格相对应。每一个矩形方格都代表其所在图层在对应帧中的内容。在标尺上有一个红色的矩形,其下方有一条红色的竖线,二者共同标示了当前被选中的一帧。开发者可以在这个时间轴上对任意图层上的任意帧的内容进行修改。

在 Flash CS5 中,帧被分为"普通帧"和"关键帧"两种,称前者为"普通帧"主要是为了与"关键帧"区别开来。在 Flash CS5 中,普通帧就称为"帧"。普通帧与关键帧的区别在于:普通帧只能延续在它之前的关键帧的状态,在通常情况下,在一个关键帧后面插入普通帧只是为了在播放过程中延长这个关键帧的持续时间;而关键帧则可以在延续之前的关键帧状态的基础上,对其自身的状态进行任意变化。

在 Flash CS5 中,时间轴上的普通帧和关键帧都用带有黑色边框的矩形表示,且含有内容的帧背景色为灰色,空白的帧背景色为白色。不同的是表示关键帧的方格上有圆形的标记(如图 8-4 所示)。

图 8-3 【时间轴】栏目

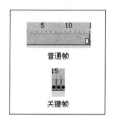

图 8-4 帧

下面举例说明普通帧与关键帧的区别。

(1)新建一个 Flash 文件。

(2)调整视图大小,以便能够看到舞台的全部。

(3)在舞台的左上角添加一个文本框,并输入"创意无限"四个字(如图 8-5 所示)。

(4)在图层 1 的第 15 帧上右击,选择【插入帧】,再选中其他帧,使第 15 帧处于未选中状态。这时可以看到,图层 1 的第 1~15 帧合并成一个灰色的长矩形,且在第 15 帧处增加了一个白色的标记(如图 8-6 所示),此标记表示这一帧是这段连续的普通帧序列的末帧(即后一帧是关键帧)。

(5)选中第 15 帧,将舞台左上角的"创意无限"文本框移至舞台中央,再选中第 1 帧,此时第 1 帧中的对应文字也同样被移至舞台中央。这说明,在一个关键帧后面的普通帧与此关键帧的状态是完全一致的,无法做出改变(如图 8-7 所示)。

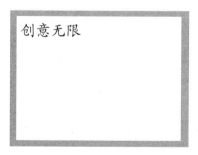

图 8-5 输入文字

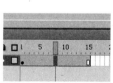

图 8-6 插入帧

图 8-7 普通帧与其前面关键帧的内容相同

关闭当前 Flash 文件,重新执行上述步骤(1)~步骤(3)。此次在步骤(4)中不选择【插入帧】而选择【插入关键帧】,这时可以看到第 15 帧被标记上了关键帧记号,而它的前一帧成为普通帧序列的末帧(如图 8-8 所示)。

选中第 15 帧,将左上角的文字移至舞台中央,再选中第 1~14 帧中的任意一帧,会发现第 1~14 帧中的文字仍然在舞台的左上角,只有第 15 帧的文字被移到了舞台中央。由此可以得出一个结论:关键帧之间的状态相互独立,一个关键帧与它的下一个关键帧之前的所有普通帧的状态完全一致。

事实上,完全可以将两个关键帧之间的普通帧序列与前者(第一个关键帧)看作是一个独立的单元,在这里暂且定义为"块",块内的所有帧都保持同一状态,只是它在时间轴上延续了多个帧的长度。8.2 节中将多次采用这里定义的块的概念。

关键帧又分为"空白关键帧"和"含有内容的关键帧(本书中简称非空白关键帧)"。空白关键帧的插入方法与非空白关键帧的插入方法基本相同。插入关键帧与插入空白关键帧的作用也基本相同,其区别在于:插入关键帧所插入的关键帧的初始状态与它之前的一个关键帧的状态相同,而插入空白关键帧所插入的关键帧在初始状态下不包含任何内容。在时间轴上,非空白关键帧与空白关键帧的标记区别如图 8-9 所示。

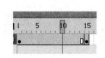

图 8-8　关键帧间的普通帧

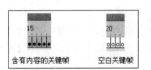

图 8-9　两种关键帧

8.2　帧的基本操作

8.1 节已经简单介绍了插入帧以及选中某一帧的方法。除此之外,Flash CS5 中帧的移动、复制、粘贴、删除等一些基本操作也非常简单。但在很多细节上还是需要特别说明,下面将对这些基本操作一一进行详细介绍。

1. 插入帧

8.1 节介绍了在空白区域插入帧和关键帧的具体方法。实际上,开发者还可以通过在普通帧及关键帧上右击来进行插入帧的操作。此处为了便于理解,仍继续使用 8.1 节提到的"块"的概念,则插入帧的规则如下:

(1)在某一块上插入普通帧,则相当于将此块增加一帧。并且此块之后的所有帧都向后移动一帧。

(2)若在某一帧上插入关键帧,则等价于将此帧转换为关键帧。若该帧已经是关键帧,则将其后一帧转为关键帧。

图 8-10 所示为在第 2 帧插入帧与关键帧前后的效果。

2. 删除帧

在选中帧上右击,选择【删除帧】按钮,即可将该帧删除。删除帧相当于将此帧所在块的长度减 1。

图 8-11 所示为删除被选中帧前后的效果。

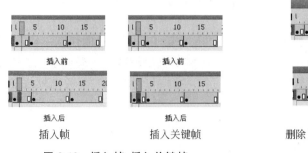

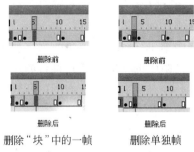

图 8-10　插入帧、插入关键帧　　　　　图 8-11　删除帧

3．复制帧

在某一帧上右击，选择【复制帧】，则可将此帧复制到剪切板中，原始帧保持不变。

4．剪切帧

在某一帧上右击，选择【剪切帧】，则可将选中帧复制到剪切板，并将选中帧转为空白关键帧。其效果如图 8-12 所示。

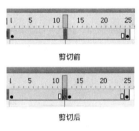

5．粘贴帧

当剪切板中有内容时，在时间轴的某一帧上右击，选择【粘贴帧】，则可将剪切板中的帧粘贴至当前帧，并将当前帧转换为关键帧。

图 8-12　剪切帧

注意：对帧的剪切、复制、粘贴、删除不可以使用快捷键（Ctrl＋X、Ctrl＋C、Ctrl＋V、Delete）。快捷键只能用于对帧中的内容进行操作，而不能对帧本身进行操作。

8.3　帧的标签及分类

在之前的例子中，使用帧的编号"第××帧"来描述特定的帧。在 Flash 里还可以为帧添加特殊的标记，以实现更方便的功能，这就是帧的"标签"。帧的标签以 8.1 节定义的"块"为单位，也就是说，同一个块内的各帧共享同一个帧标签。当需要对某一帧添加或修改帧标签时，可以选中该帧，在舞台右侧的【属性】工具栏中就能看到选中帧的【标签】项，并能对其进行修改（如图 8-13 所示）。

帧标签可以分为三类：名称、注释和锚记。

如图 8-14 所示，"汽车"图层的第 1、12、22 帧分别拥有一个"小红旗"的标签，表示其标签的类型为"名称"。后面的"直行部分"和"停止部分"为标签的内容；"背景房子"图层第 1帧拥有一个"绿色双斜杠"的标签，表示其标签类型为"注释"，后面的"背景静止"为注释的内容；图层"人"的第 5 帧拥有一个黄色"锚"标签，表示其标签类型为"锚记"，"锚记 1"为锚记的内容。下面具体介绍帧的各标签类型的功能。

名称类型：即该帧或块的别名。定义了名称类标签后，则可以通过该标签指定对应的帧或块。例如，在 ActionScript 中有一指令函数 gotoAndStop()，其作用是将正在播放的动

图 8-13 帧【属性】面板

图 8-14 三类帧标签

画转至其参数的对应帧,并且停止播放。在图 8-14 中,若要转移至第 12 帧并且停止播放,则该指令应为 gotoAndStop(12)。由于此前为第 12 帧设置了名称类标签"停止部分",因此在这里可以使用 gotoAndStop("停止部分"),其效果与 gotoAndStop(12) 相同。

注释类型:注释类型标签没有实际作用。为一个帧或块设置注释类型标签,是为了给该帧或块增加一个文字说明,以便对该 Flash 文件进行查看及修改。

锚记类型:当用户打开一个带有 Flash 文件的网页后,如果该 Flash 文件没有锚记,那么每一次重新打开这个网页的时候都要从这个 Flash 文件的起点开始播放。为了解决这个问题,Flash CS5 提供了锚记类型的帧标签。如果在时间轴中的某一关键帧处设置了锚记标签,那么在包含这个 Flash 的网页中,当播放到锚记标签所在的帧时,浏览器便会记住这个位置。当再次访问这个页面时,可以直接进入锚记点所在的位置而不必重新播放。

8.4 制作逐帧动画

逐帧动画是 Flash 动画中最基本、最简单的动画。顾名思义,逐帧动画就是对动画的每一帧分别制作,最后按照其时间轴上的顺序依次连续播放。下面以电子表倒计时应用为例,详细介绍如何制作逐帧动画。

【例 8-1】

(1) 新建一个 Flash 文件,名为 C08_01。

(2) 在图层 1 的第 1 帧中插入文本框,输入文字"倒计时",按 Enter 键换行,再次输入"00:00:05",并将文本框拖至舞台中央(如图 8-15 所示)。

(3) 在图层 1 的第 2~5 帧处分别插入关键帧。则此时第 1~5 帧均为关键帧(如图 8-16 所示),且每一帧中所显示的内容相同。

(4) 在第 2~5 帧中分别双击舞台中央的文字,将其中的数字部分分别改为"00:00:04"、"00:00:03"、"00:00:02"和"00:00:01"。

(5) 在舞台的空白处右击,选择【文档属性】,在弹出的对话框中将【帧频】设置为 1 fps(如图 8-17 所示),即每秒钟播放一帧动画。

图 8-15   图层 1 的第 1 帧

图 8-16   插入关键帧

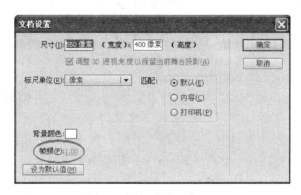

图 8-17   【帧频】设置为 1.00

　　（6）按 Ctrl＋Enter 键查看最终的动画效果，可以看到，每隔一秒舞台中的数字变化一次，实现了电子表倒计时的效果。

8.5   创建补间动画

8.5.1   补间动画的概念

　　由 8.4 节的例子可以看出，当需要制作的 Flash 动画帧数很多时，逐帧进行编辑所带来的工作量就会非常大。因此，Flash 为开发者提供了一个非常强大的功能——创建补间动画。所谓补间动画，是指计算机根据前后两个关键帧的内容自动计算出的插补帧序列。在 Flash CS5 之前的版本中，补间动画分为两种：一种是针对形状变化的形状补间；另一种是针对元件及图形的动画补间。而在 Flash CS5 中，补间动画分为三类：基于对象的补间动画、形状补间动画及传统补间动画。

8.5.2   基于对象的补间动画

　　在 Flash CS5 中，此类补间直接被定义为"补间动画"。为了避免概念混淆，本章暂且将此类补间动画称为"基于对象的补间动画"（事实上，很多同类书籍中对此类动画的命名可谓五花八门，这里使用"基于对象"这个概念，是因为该类补间动画将图层上的每个元件或文本框都看作是一个单独的对象,并对指定的对象进行补间创建)。基于对象的补间动画可以实现对象的位移、缩放、旋转、倾斜等变化。

开发人员可以对图层中的任意一个或一组对象创建基于对象的补间动画。创建补间动画后,该对象所在的图层将变成补间图层(如图 8-18 所示),如果该图层还包含其他对象,则会在该补间图层的上边或者下边创建新的图层,并将除了创建补间的对象外的所有对象移至对应的新建图层中。下面举例来说明如何创建基于对象的补间动画。

图 8-18　创建补间动画

【例 8-2】

(1)新建一个 Flash 文件,并将其另存为 C08_02。

(2)在菜单栏中选择【导入】|【导入到舞台】,将图片…/Example/chapter 08/Smile. jpg 图片导入至舞台中并移至舞台左下角(如图 8-19 所示)。

(3)在图层 1 的第 40 帧处右击,选择【插入帧】,得到如图 8-20 所示的块。

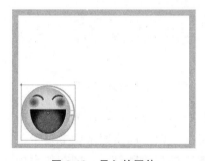

图 8-19　导入的图片

图 8-20　插入帧

(4)在第 1～40 帧中的任意一帧上右击,选择【创建补间动画】(如图 8-21 所示),则图层 1 变为补间图层,图层左侧的图标由 ▢ 变为 ▢(如图 8-22 所示)。

(5)选中第 20 帧,将第 20 帧中的笑脸移至舞台中央,这时在原始位置与当前位置之间出现一条绿色直线,表示对象的运动路径,如图 8-23 所示。

(6)选中第 40 帧,将第 40 帧中的笑脸移至舞台右下角。

(7)在舞台中选中元件对象,然后选择菜单栏中的【修改】|【变形】|【缩放】,将对象缩小(如图 8-24 所示)。

(8)选择工具栏中的【选择工具】或【部分选取工具】,可以对对象的运动路径进行编辑。本例中将运动路径由两条线段更改为两条曲线段(如图 8-25 所示)。

(9)按 Ctrl+Enter 键查看最终的动画效果。

可以看到,添加了补间动画的对象按照之前设计好的运动路径进行移动,且在移动中其大小也在不断变化,最终达到想要的效果。

如果想在编辑过程中同时查看多个帧的内容,以便对图层中的对象进行定位,则可单击时间轴下方的【绘图纸外观】按钮 ▣。这时在时间轴的帧标尺上会出现黑色的范围标记(在

图 8-21 【创建补间动画】选项

图 8-22 自动变成普通帧

图 8-23 第 20 帧

图 8-24 缩放

图 8-25 部分选取工具

Flash CS5 中被称为绘图纸标记，如图 8-26 所示），同时舞台中会同时显示此范围内的所有帧的内容（如图 8-27 所示）。开发人员可以通过拉动标记左右两端的圆圈来调节显示范围的首帧和末帧。如果单击【绘图纸外观】按钮右侧的【绘图纸外观轮廓】按钮，则在舞台中显示相应范围内对象的轮廓，而非对象的内容（如图 8-28 所示）。

图 8-26 【绘图纸外观】选中效果

图 8-27 【绘图纸外观】中间帧效果

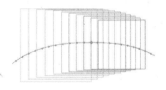

图 8-28 绘图纸外轮廓

注意：以上两种情况只能显示多帧对象，而不能对其进行修改。若想在多帧同时显示的情况下对图层中的对象进行修改，则需要单击【绘图纸外观轮廓】按钮右侧的【编辑多个帧】按钮。

8.5.3 形状补间动画

在很多同类书籍中，形状补间动画也被称为"变形补间动画"。形状补间动画的功能非常强大，可以对两个相邻的关键帧的任意矢量图进行补间的计算，该补间能实现两关键帧中矢量图形在形状、大小、位置、颜色、透明度上的逐渐变化。这也是 Flash 系列开发的软件广受动画开发人员好评的重要原因之一。下面介绍最基本的形状补间动画的制作过程。

【例 8-3】

(1) 新建一个 Flash 文件，选择【另存为】选项，将其命名为 C08_03.fla，并保存到指定位置。

(2) 在舞台的下半部分插入文本框，设置文字大小为 80 点，颜色为黑色，在文本框中输入"闪客帝国"四个字（如图 8-29 所示）。

(3) 选中该文本框，连续按两次组合键 Ctrl＋B，将其转换为矢量图形，其效果如图 8-30 所示："闪客帝国"四个字上均匀分布着白色斑点，以表示该图形为矢量图。这里需要说明一下，Ctr＋B 命令是将一个对象"分离"。"分离"就是将一个对象整体转换为更加零散的单位。对文本框第一次按 Ctrl＋B 键，是将"闪客帝国"文本框"分离"成四个单独的文字，并将文字所在的四个文本框全部选中，再次按 Ctrl＋B 键则将四个文字对象分离为一组最基本的矢量元。

图 8-29　输入文本　　　　　　　　　　图 8-30　两次"组合"

(4) 在图层 1 的第 50 帧处右击，选择【插入空白关键帧】。此时第 50 帧成为当前选中帧，且当前帧上没有任何对象。

(5) 在图层 1 第 50 帧的舞台上半部分插入文本框，设置文字大小为 125 点，颜色为红色，在文本框中输入"欢迎您！"（如图 8-31 所示）。按照步骤(3)中的操作，将文本框转为矢量图形。

(6) 在第 1～49 帧中的任意一帧上右击，选择【创建补间形状】。时间轴上第一个关键帧所在的块会变成绿色，并出现一个黑色箭头，由块的第 1 帧一直指向块的最后一帧（如图 8-32 所示），并且形状补间上的每一个中间帧中的对象都发生了变化。图 8-33(a)～图 8-33(e)演示了这一渐变过程。

图 8-31　文本转换为矢量图　　　　　　图 8-32　块

(a) (b) (c)

(d) (e)

图 8-33   创建补间形状效果图例

（7）按 Ctrl＋Enter 键观看最终的动画效果。最初的"闪客帝国"四个字逐渐向上移动并转变为红色的"欢迎您！"文字。其颜色、大小、形状、位置都发生了变化。

需要特别注意的是：生成补间动画的两个关键帧中的内容必须是矢量图。否则生成的补间动画不会产生逐渐变化的效果，如果需要对多个对象分别进行形状变换，则应将其分别放入不同的图层中，分别创建形状补间。此部分内容将在第 9 章——高级动画技巧中进行详细介绍。

8.5.4   传统补间动画

传统补间动画与形状补间动画不同，形状补间动画只能作用于矢量图形，而传统补间动画只能作用于图形对象或文本对象。并且，传统补间动画只能实现对象的非形状变化。下面介绍最基本的传统补间动画的制作过程。

【例 8-4】

（1）创建一个新的 Flash 文件，将其保存并命名为 C08_04.fla。

（2）在第 1 帧中使用文本工具 T，在舞台左下角添加一个文本框，并输入"闪客帝国"（如图 8-34 所示）。

（3）在第 50 帧处右击，选择【插入关键帧】（如图 8-35 所示）。

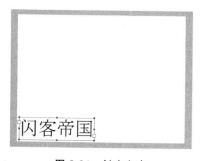

图 8-34   创建文本

图 8-35   在第 50 帧出处插入关键帧

（4）在第 50 帧被选中的情况下，将"闪客帝国"文本框由舞台左下角移至舞台右上角（如图 8-36 所示）。

（5）在第 2～49 帧中的任意一帧上右击，选择【创建传统补间】。则第 1～49 帧会变成紫色，并有一黑色箭头由第 1 帧指向最后一帧（如图 8-37 所示）。

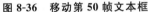

图 8-36　移动第 50 帧文本框　　　　　　　图 8-37　创建传统补间

（6）按 Ctrl＋Enter 键查看最终的效果。可以看到，舞台中的文本由左下角逐渐向右上角移动。

8.5.5　基于对象的补间动画、形状补间动画及传统补间动画的区别

前面介绍了 Flash CS5 中能够创建的三种补间及其创建过程。许多初次接触 Flash 的动画开发人员都会对这三种补间动画之间的区别感到困惑，尤其对基于对象的补间动画与传统补间动画的不同点不清楚，下面就对三者之间的区别进行简要的说明。

（1）基于对象的补间动画及传统补间动画只能实现对象整体的变化，而形状补间动画只能实现矢量图形的变化，前两者与后者针对的目标类型不同。

（2）传统补间动画和形状补间动画的创建过程相似，都是在两个关键帧之间插入补间动画，而基于对象的补间动画则是针对一个关键帧及其后面的普通帧创建。形象地说，传统补间动画和形状补间动画是"定头定尾"再创建，而基于对象的补间动画则是先"定头"再创建。因此，传统补间动画和形状补间动画的创建过程比基于对象的补间动画的创建过程更复杂，但前两者所能实现的功能也比后者所能实现的功能更多。

（3）第 9 章将介绍"引导层动画"与"遮罩层动画"，二者是在"传统补间动画"的基础上制作的，"引导层动画"与"遮罩层动画"只能在传统补间上制作。此外，第 9 章中的"补间动画的自定义路径"节中的内容也是专门针对对象的补间动画来讲解的。

（4）在基于对象的补间动画范围上不允许添加帧脚本，而在传统补间动画范围上则允许添加帧脚本。这是传统补间动画在功能上要强于基于对象的补间动画的最重要的原因之一。

（5）基于对象的补间动画创建后，可以对其在时间轴上的范围进行任意的调整，而传统补间动画和形状补间动画在创建之后则不允许更改其在时间轴上的范围。

（6）只有基于对象的补间动画才可以保存为动画预设，传统补间动画和形状补间动画都不能保存为动画预设。

8.6　动画预设

前面提到过，基于对象的补间动画是作用于图形元件的，而图形元件在 Flash 的制作过程中又可以被看成一个独立的整体，因此，Flash CS5 提供了很多预先设计好的动画效果，

开发人员可以将这些预先设计好的动画效果直接"套用"到具体的图形元件上。这些预先设计好的动画效果就称为"动画预设"。

8.6.1 预览动画预设

（1）选择菜单栏中的【窗口】|【动画预设】命令，则会弹出【动画预设】面板（如图 8-38 所示）。其中包含两个文件夹，分别是"默认预设"和"自定义"。"默认预设"文件夹中包含 Flash 自带的一些动画效果，而用户自己也可以设计一些动画效果，保存在"自定义"文件夹中。"默认预设"文件夹中的内容不可以移动、删除或者重命名，而"自定义"文件夹中的内容则可以进行上述操作。

（2）展开"默认预设"文件夹，任意选择其中一种效果，则可以在列表上方的预览窗口中观看该动画预设的效果（如图 8-39 所示）。

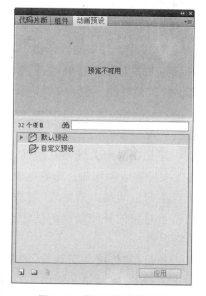

图 8-38 【动画预设】面板

图 8-39 展开【默认预设】选项

【动画预设】面板左下角有三个工具图标，分别是【将选区另存为预设】（ ）、【新建文件夹】（ ）及【删除选中的项目】（ ）。

8.6.2 应用动画预设

应用动画预设的操作非常简单，只需要选中需要应用动画预设的对象，然后选择菜单栏中的【窗口】|【动画预设】命令，在打开的【动画预设】面板中选择想要应用的预设，再单击面板右下角的【应用】按钮，便可将选中的预设作用于先前所选中的对象上。

这里需要说明两点：

（1）每个动画预设都包含一定数量的帧，当对一个对象应用动画预设时，如果该对象之前没有创建补间动画，则在时间轴中创建与该预设数量相等的帧；如果应用动画预设之前已经对该对象创建了补间动画,则原补间动画的效果会被最新应用的动画预设效果所取代,其补间长度也会调整至新添加的动画预设所包含的帧数。

(2) 对某一对象应用动画预设以后,仍可以对该对象的补间范围进行调整。

8.6.3　自定义动画预设

如果 Flash CS5 自身提供的动画预设不能够满足设计需求,那么开发人员还可以自己定义一些动画预设,并将其保存起来,以便应用到其他对象上。自定义动画预设的方法如下:

(1) 根据功能的需要,按 8.5.2 节中的步骤创建一个基于对象的补间动画。

(2) 选中刚刚创建的基于对象的补间,或者选择该对象(如图 8-40 所示)。

(3) 选择菜单栏中的【窗口】|【动画预设】命令,弹出【动画预设】面板。单击面板下方的【将选区另存为预设】(🔳)按钮,在弹出的【将预设另存为】对话框(如图 8-41 所示)中输入需要保存预设的名称,此处将其命名为"自定义动画预设",如图 8-41 所示,单击【确定】按钮,便可将刚刚选中的基于对象的补间动画保存为自定义的动画预设。

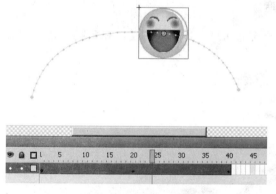

图 8-40　创建补间动画　　　　　图 8-41　【将预设另存为】对话框

8.6.4　导入/导出动画预设

为了使动画预设的应用更加灵活,Flash CS5 提供了动画预设的导入及导出功能。开发者可以将 Flash 文件中的动画预设导出为 XML 文件,以便在其他 Flash 文件中使用,也可以将 XML 文件添加到【动画预设】面板中,实现导入操作。导入的动画预设将保存在"自定义"文件夹内。

导出动画预设的方法如下:

(1) 在【动画预设】面板中需要导出的动画预设上右击,弹出【动画预设】菜单(如图 8-42 所示)。

(2) 选择【导出】指令,在弹出的【另存为】对话框(如图 8-43 所示)中选择保存路径,输入保存文件名并单击【保存】按钮,便可将动画预设导出为 XML 文件。

图 8-42　【动画预设】
　　　　　菜单

导入动画预设的方法如下：

（1）在【动画预设】面板的右上角单击【菜单栏】按钮 ▼☰，选择【导入】（如图 8-44 所示）。

图 8-43　【另存为】对话框　　　　　　　　　图 8-44　导入

　　（2）在弹出的【打开】对话框中选择要导入的 XML 文件，单击【打开】按钮，便可将外部的 XML 文件导入为自定义动画预设。

第9章 高级动画技巧

第8章介绍了 Flash CS5 中最基本的动画制作方法，但这些功能还不足以制作出内容丰富、功能复杂多样的 Flash 动画，本章将介绍更加高级复杂的动画制作技巧。

9.1 补间动画的自定义运动路径

首先需要说明一点，本节提到的补间动画仍然是第8章所指的"基于对象的补间动画"。在第8章中介绍的补间动画的创建过程中，采用了移动目标对象的位置来达到对象移动的动画效果。但是在有些情况下，开发人员需要对目标对象设定更精确、复杂或不规则的运动路径，这时使用第8章中提到的方法就无法满足开发者的需求了。为此，Flash CS5 中提供了补间动画的"自定义路径"功能，能够让开发人员将自己绘制的笔触作为对象的运动路径。

自定义运动路径的方法如下。

【例 9-1】

（1）新建一个 Flash 文件，将其保存为 C09_01.fla。

（2）单击时间轴的图层面板左下角的【新建图层】按钮，并将原有的"图层1"与新建的"图层2"分别重命名为"对象"和"运动路径"（如图 9-1 所示）。

（3）在"对象"层第1帧的舞台中添加一个文本框，并输入"闪客帝国"（如图 9-2 所示）。

图 9-1 【新建图层】按钮

图 9-2 输入文字

（4）在"对象"层的第50帧处右击，选择【插入帧】，并在"对象"层的第1～50中任意一帧上右击，选择【创建补间动画】，则时间轴上的效果如图 9-3 所示。

（5）选中"运动路径"层的第1帧，使用【线条工具】（＼）在舞台中央由左上角至右下角画一条直线，完成后的效果如图 9-4 所示。这里需要说明的是，刚刚所画的斜线虽然与"闪客帝国"一同显示在舞台中，但直线属于"运动路径"图层，而"闪客帝国"属于"对象"图层，二者是相互独立的。

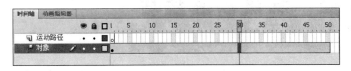

图 9-3　创建补间动画

图 9-4　线条工具

（6）在图层面板中单击"对象"图层上与可视标志（👁）垂直对齐的黑色圆点（•），使其变为红色的叉（✕），这时"对象"图层上的所有内容都不会在舞台中显示（如图 9-5 所示），也不会被选中。

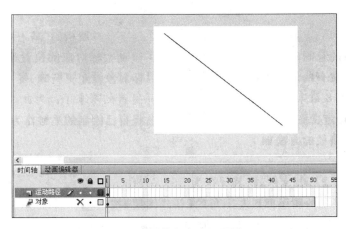

图 9-5　调整文字为不可见

（7）选中"运动路径"图层，用工具栏中的【选择工具】（⬉）全部选中该直线。在图形上右击，选择【剪切】或使用快捷键 Ctrl＋X，将直线移动至剪切板。

（8）将"对象"图层的可视标志上的红叉去掉（单击红叉即可），则"对象"图层的内容重新变为可见。在选中"对象"图层的情况下，选择菜单栏中的【编辑】|【粘贴到当前位置】，这时该直线出现在"对象"图层中，并且变为路径样式。动画制作人员可以对该路径进行任意调整（包括整体平移、旋转、部分形状变换等）。其效果如图 9-6 所示。

（9）按 Ctrl＋Enter 键观看最终的效果，可以看到，"闪客帝国"文本按照预先设定好的路线由舞台的左上角向右下角进行移动。

图 9-6　处理结果

例 9-1 演示了如何自定义补间动画的对象运动路径，需要注意的两点是：

① 在自定义的运动路径上，对象运动的起点是笔触的起点，即最初"落笔"的位置；而对

象运动的终点是笔触的终点,即最后"收笔"的位置。如果想要将运动的过程逆置,则可以右击该补间范围,在弹出的菜单中选择【运动路径】|【翻转路径】。

② 自定义运动路径的添加只允许含有两个端点的笔触。通俗地讲,就是只用一笔便能画出来的曲线段。

9.2　浮动关键帧

只有在基于对象的补间动画中,关键帧才具有浮动与非浮动属性。在基于对象的补间动画中,对象的运动路径都是用绿色的曲线段进行表示的。在运动路径的起点与终点之间还分布着很多绿色的圆点(如图 9-7 所示),其中

每一个绿点都代表着在时间轴上每一帧中该对象的位置。在前面所举的例子中可以看出,无论是用哪种方法创建的基于对象的补间动画,其运动路径上的点都分布得十分均匀,这些点的分布是系统自动计算的,其目的是为了使对象能够在其运动路径上做近似的匀速运动。

图 9-7　运动路径

当一段基于对象的补间被创建之后,其关键帧被默认为浮动关键帧,即对象在其路径上做近似的匀速运动。但在某些特殊情况下,开发人员不希望对象做匀速的运动,而是希望对象在运动路径上的不同部分做不同速度的运动,这时便需要更改该补间上关键帧为非浮动。

下面举例说明浮动关键帧与非浮动关键帧属性的区别。

【例 9-2】

(1) 新建一个 Flash 文档,并将其保存为 C09_02.fla。

(2) 在图层 1 的第 1 帧中添加文本框,输入"闪客帝国",并将其移至舞台的左边(如图 9-8 所示)。

(3) 在第 50 帧处右击,选择【插入帧】。

(4) 在区间上右击,选择【创建补间动画】,则第 1～50 帧变为基于对象的补间。

(5) 选中补间的第 25 帧,将"闪客帝国"文本框移至舞台中央;选中补间的第 50 帧,将"闪客帝国"由舞台中央移至舞台右边(如图 9-9 所示)。

图 9-8　输入文字

图 9-9　第 50 帧

（6）在补间上单击，选择【运动路径】|【将关键帧切换为非浮动】。

（7）将鼠标指向运动路径中第 25～50 帧的部分，再按住鼠标左键将其向下拉成抛物线（如图 9-10 所示）。

这时可以看到，当关键帧为非浮动状态时，在运动路径的直线部分，位置点分布很密；在运动路径的抛物线部分，位置点分布很稀。按 Ctrl＋Enter 键观看最终的动画效果，对象在做直线运动时速度很慢，在做抛物线运动时速度变得很快。

（8）接下来，在时间轴的补间范围上右击，选择【运动路径】|【将关键帧切换为浮动】。此时可以看到，整条路径上的所有位置点被重新均匀分配（如图 9-11 所示），且动画补间中的第一个关键帧与最后一个关键帧之间的所有关键帧均会消失。按 Ctrl＋Enter 键观看最终动画效果，可以看到对象在直线运动部分与抛物线运动部分的运动速度是相等的。

图 9-10   抛物线路径   图 9-11 【将关键帧切换为浮动】操作

由上面的例子可以得出，将补间动画的关键帧设置为浮动，则计算机会自动将每一帧的位置点均匀分布于整条运动路径上，从而使对象在运动路径上做变化速度均匀的运动。

9.3   动画编辑器

前面介绍了动态预设功能的使用。事实上，动画预设功能只能将 Flash CS5 自带的效果及使用者自定义的动画效果作用到当前的对象上，而不能通过设置参数的办法对动画的变换细节进行控制，且动画预设不包含模糊、投影等常用的对象滤境功能。为了完善这些功能，Flash CS5 提供了一个操作更加复杂，但是功能更为强大的控制工具——"动画编辑器"。

首先需要说明的是：动画编辑器只能应用于基于对象的补间动画，不允许对形状补间动画及传统补间动画使用。在 Flash CS5 的工作界面中，Flash CS5 位于舞台区域的下方。开发人员可以通过选择【时间轴】标签或【动画编辑器】标签来切换【时间轴】面板与【动画编辑器】面板（如图 9-12 所示）。

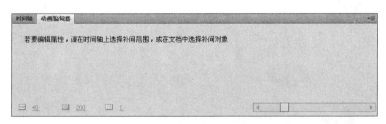

图 9-12 【时间轴】、【动画编辑器】面板

下面用第 8 章的例 8-2 对动画编辑器面板的控制选项进行说明。首先打开 C08_02.fla。由于例 8-2 中已经创建了基于对象的补间动画,因此只要选中该对象的同时选中补间范围内任意一帧,就可以在动画编辑器中查看该帧对应的参数。为了便于说明,这里将动画编辑器中的全部内容展开并显示出来(如图 9-13 所示)。动画编辑器中的内容包括五项,分别是【属性】、【值】、【缓动】、【关键帧】、【曲线图】。

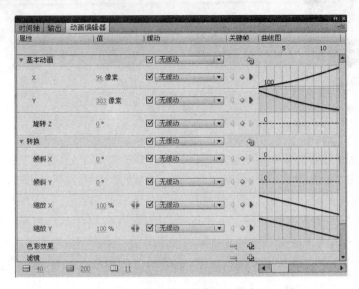

图 9-13 动画编辑器中的全部内容

1.【属性】和【值】

(1)基本动画

X:对象在舞台中的水平方向坐标值。舞台左边缘的值为 0,向右为＋,向左为－。

Y:对象在舞台中的垂直方向坐标值。舞台上边缘的值为 0,向下为＋,向上为－。

旋转 Z:对象的旋转角度。顺时针为＋,逆时针为－。

(2)转换

倾斜 X:对象沿水平方向的倾斜角度。顺时针为＋,逆时针为－。

倾斜 Y:对象沿垂直方向的倾斜角度。顺时针为＋,逆时针为－。

缩放 X:对象在水平方向上的缩放比例。＞1 时为放大,＜1 时为缩小,＝1 时为不变。

缩放 Y:对象在垂直方向上的缩放比例。＞1 时为放大,＜1 时为缩小,＝1 时为不变。

(3)色彩效果

可以单击【添加】按钮 ![添加] 添加需要设置的属性项,也可以单击【删除】按钮 ![删除] 删除不需要设置的属性项。色彩效果包括以下几个属性:

Alpha 数量:对象的透明度。100％为完全不透明,0％为完全透明。

亮度:对象色彩的明亮程度。0％为正常亮度,100％为最大亮度。

色调:对对象整体进行着色。色调数值为着色程度,0％为不着色,100％为完全着色。

高级颜色:对红、绿、蓝三种颜色及 Alpha 值进行分别控制。其中各属性的最终值＝原值×百分比＋偏移量。

（4）滤镜

对对象应用滤镜可以达到特定的效果。滤镜包括投影、模糊、发光、斜角等。图9-14演示了应用部分滤境后的效果。

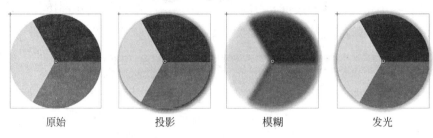

原始　　　　　投影　　　　　模糊　　　　　发光

图 9-14　滤镜效果图例

2.【缓动】

动画编辑器中的某个属性在不应用任何缓动方式的情况下，其值的变化过程是匀速的，即相邻两帧之间的变化程度相等；当某属性应用了缓动方式之后，其值的变化程度会按照该缓动方式随着时间的变化而变化。缓动的概念相对于其他属性相比较为抽象和难以理解。举个相似的例子：一辆汽车在公路上匀速行驶，其速度在任何时刻都相同，当司机用力踩下油门或脚刹时，汽车的速度会相应的增加或减少。在这个例子中，汽车的位置就相当于动画编辑器中的属性，在不加油或煞车的情况下，相邻的时间内变化的距离相等，而加油或刹车的动作就相当于应用缓动方法，会对汽车位置变化的程度（也就是速度）产生相应的影响。

开发人员可以通过在动画编辑器最下方的【缓动】属性栏中单击【添加】按钮🞧来添加上面属性需要用到的缓动方式并设置参数，也可以单击【删除】按钮🞔删除不需要用到的缓动方式。在添加完缓动方式后，就可以在动画编辑器中的每个属性中的【缓动】项选择需要应用的缓动方式。

另一种修改缓动值的方法是：在时间轴上选中补间，在舞台右侧的【属性】面板中对【缓动】一项的值进行修改。这种方法更简便，但是它会对所有属性的缓动产生影响，因此这种方法无法对单个属性的缓动方式进行修改。

3.【关键帧】

【关键帧】项可以设置基于对象的补间动画中某属性在当前选中的帧中是否是关键帧。由于在补间动画中，普通帧的内容是计算机参照其前后的关键帧计算出来的，因此所有属性都只有在其关键帧上才能对值进行设定。

在【关键帧】项中，可以单击◀按钮转到对应属性的上一个关键帧；单击▶按钮转到对应属性的下一个关键帧；单击◇按钮设置该属性在当前帧的关键帧或取消该属性在当前帧的关键帧。

4.【曲线图】

每个属性的曲线图都是一个二维图表，其水平坐标表示的是帧数，每个刻度为1帧；垂直坐标为该属性的值的曲线，开发人员可以按住鼠标左键拖曳该曲线进行属性值的整体修改。

9.4 层的概念与应用

在前面所举的例子中已经多次应用了图层。"图层"是一个较为抽象的概念,其具体作用是在 Flash 动画的制作过程中对逻辑功能相对独立的内容进行划分,从而使 Flash 文件中所有元素的结构清晰,相互间的关系明确。特殊的图层也可以实现某些特殊功能,本章的后续内容将会详细介绍。

9.4.1 图层面板

在 Flash 开发界面中,图层面板在舞台下方的时间轴中的左侧部分,每一行为一个图层(如图 9-15 所示)。其中,图层名可以使用任意汉字、字母、数字或符号组成的字符串,双击图层名便可对其进行修改。图层名左侧的标志为"图层类型标志",表示该图层为何种类型的图层。图层名右侧有三个控制标志,分别为:

图 9-15 多种图层

"可视标志" 👁——表示该图层中的内容是否可见;

"锁定标志" 🔒——表示该图层中的内容是否可以被修改;

"显示轮廓" ⬜——表示是否用该颜色作为图层中的内容的轮廓进行显示。

开发人员可以通过单击操作对以上三个控制标志进行开启或关闭。此外,当某一图层被选中时,该图层所在行的背景会变成深蓝色,且在控制标志前会出现铅笔标志 ✏️,表示正在对当前图层进行编辑。当此图层被锁定时,铅笔标志会变为 ✖️,表示不可以被编辑。

当在图层面板中存在多个图层时,上面的图层中的内容会遮挡住下面图层中的内容。开发人员可以直接通过拖曳图层的方法调整图层的顺序。

图层面板左下角有三个按钮,分别是【新建图层】🞂、【新建文件夹】📁以及【删除】🗑️。这里有两点需要说明:

(1)"文件夹"是包含图层的容器,没有实际的意义,其作用是使图层面板中的结构更加整齐、清晰。文件夹内还可以包含子文件夹。

(2)【删除】按钮既可以删除图层,也可以删除文件夹。方法是选中目标,然后单击【删除】按钮。

9.4.2 图层的类型

在 Flash CS5 中,图层主要分为普通层、引导层以及遮罩层三大类。图 9-15 中为了便于讲解,将图层名修改为该图层的类型。

1. 普通层

普通层没有任何特殊功能,用户可直接在普通层上添加内容。普通层的图层类型标志为 🞂。

2. 引导层

引导层中的内容不会被显示,但可以作为对应的被引导层中的对象运动的参考路径。引导层的图层类型标志为 。

3. 遮罩层

遮罩层中的内容也不会被显示,但其作用下的被遮罩层中的内容仅有与遮罩层中的矢量图对应位置的部分才会被显示。遮罩层的图层类型标志为 。

普通层的概念比较容易理解,但引导层与遮罩层的概念相对来讲较为抽象。下面通过实例来介绍引导层与遮罩层的使用方法。

9.5　制作引导动画

【例 9-3】

(1) 新建一个 Flash 文件,另存为 C09_03.fla。

(2) 将图层 1 更名为"引导层"。新建一个图层,命名为"被引导层"(如图 9-16 所示)。

(3) 在被引导层的舞台中导入文件 C09_03.jpg,如图 9-17 所示,以下简称图中对象为"笑脸"。

(4) 在被引导层的第 60 帧插入关键帧。

(5) 在引导层的第 1 帧中使用铅笔工具画一条曲线,并在第 60 帧处插入帧(如图 9-18 所示)。

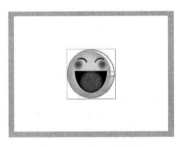
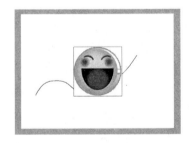

图 9-16　两个图层　　　　图 9-17　导入的图片　　　　图 9-18　在第 60 帧处插入帧

(6) 在引导层的层标签上右击,选择【引导层】,则其层类型标志会由 变为 。

(7) 将被引导层拖至引导层上,则被引导层成为引导层所作用的层(如图 9-19 所示)。

图 9-19　形成被引导层

(8) 在被引导层的第 1～59 帧中的任意一帧上右击,选择【插入传统补间】。

(9) 在第 1 帧处,将笑脸拖动到曲线的起点处,在第 60 帧处,将笑脸拖动到曲线的终点处。

（10）按 Ctrl＋Enter 键观看最终的动画效果，可以看到笑脸沿前面所画的曲线路径进行运动。

9.6 制作遮罩动画

【例 9-4】

（1）新建一个 Flash 文件，将其另存为 C09_04.fla，并将背景颜色设置为黑色。

（2）将图层 1 命名为"遮罩层"，再新建一个图层，命名为"被遮罩层"。

（3）将笔触的颜色设置为白色（其他颜色）即可，主要是为了与黑色的背景区别开来。在被遮罩层的第 1 帧中利用【线条工具】做出如图 9-20 所示的波形图，然后在被遮罩层的第 90 帧插入帧。全部选中该波形图，选择菜单栏中的【修改】|【形状】|【将线条转换为填充】，将由笔触组成的波形图转换为填充类型。

（4）将填充颜色设置为蓝色。在遮罩层的第 1 帧中波形图左侧画一个矩形，需要注意的是：矩形的上沿一定要高于波形图的最上方的点，矩形的下沿也一定要低于波形图的最下方的点（如图 9-21 所示）。

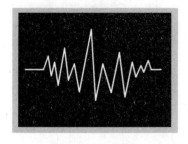

图 9-20 波形图

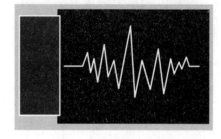

图 9-21 填充颜色为蓝色

（5）选中矩形外侧的白色边框并将其删除。选中去除边框后的蓝色矩形，选择菜单栏中的【窗口】|【颜色】（或按 Alt＋Shift＋F9 键），在【颜色】对话框中选择【填充颜色】（如图 9-22 所示），在弹出的子对话框（如图 9-23 所示）中选择左下角的由左向右渐变模式 ，则【颜色】对话框会变为如图 9-24 所示的效果。将其中的渐变颜色设置为如图 9-25 所示的模式，左端为深绿色，右端为白色，由左向右逐渐变色。

图 9-22 【颜色】对话框

（6）此时可以看到，舞台中被选中的蓝色矩形的颜色变为与步骤（5）设置的渐变颜色一致。在"被遮罩层"的第 90 帧插入关键帧，选中第 90 帧，将矩形由波形图的左方移至波形图的右方（如图 9-26 所示）。

（7）在遮罩层的第 1～90 帧之间的任意一帧上右击，选择【创建传统补间】。

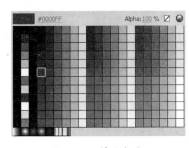

图 9-23 填充颜色

图 9-24 渐变模式 1

图 9-25 渐变模式 2

（8）在遮罩层的层标签上右击，选择【遮罩层】。则该层的层类型标志由　变为　。将被遮罩层拖动至遮罩层上，使其成为遮罩层的作用层（如图 9-27 所示）。

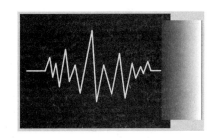

图 9-26 第 90 帧

图 9-27 遮罩层

（9）按 Ctrl＋Enter 键观看最终动画效果（如图 9-28 所示），其效果与心电图仪中的波形图类似。

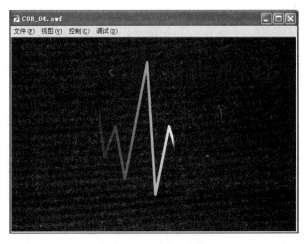

图 9-28 心电图效果图

需要特别注意的是：遮罩层中的内容必须是"填充颜色"，而不可以是对象整体或笔触，否则将无法实现遮罩效果。

9.7　骨骼工具

　　【骨骼工具】()最初出现在 Flash CS4 中,利用骨骼工具制作的骨骼动画可以完成类似于动物骨骼及关节处的机械运动。在 Flash CS5 中,骨骼动画增加了【弹簧】和【阻尼】属性,进一步增强了骨骼动画的功能。

　　在具体介绍骨骼工具与骨骼动画之前,首先要说明 5 点注意事项:

　　(1) 骨骼工具只能应用于基于 ActionScript 3.0 的 Flash 文件中,而不能应用于基于 ActionScript 2.0 的 Flash 文件中。

　　(2) 当对物体添加骨骼后,被添加骨骼的物体会由原图层转移至骨架图层中。

　　(3) 只能对元件或在 Flash 中绘制的图形添加骨骼。

　　(4) 不能对组(Group)以及组内的元件或者图形添加骨骼。

　　(5) 与骨骼工具相对应的绑定工具(如图 9-29 所示)只能作用于已经设置的骨骼链。

图 9-29　骨骼工具、绑定工具

　　下面举例说明骨骼工具的使用以及骨骼动画的制作。

【例 9-5】

　　(1) 新建一个 Flash 文件,另存为 C09_05.fla。

　　(2) 选择菜单栏中的【文件】|【导入】|【导入到舞台】(或按 Ctrl+R 键),将文件夹中的 Key.jpg 导入到舞台中。选中导入的钥匙图片,选择菜单栏中的【修改】|【转换为元件】(或按 F8 键),将其命名为"元件 1"(如图 9-30 所示)。

　　(3) 在舞台中使用"椭圆工具"添加一个黑色的圆。选中该圆,用步骤(2)中的方法将该圆命名为"元件 2",适当调整钥匙与黑色圆的位置至如图 9-31 所示。

图 9-30　转换为元件

图 9-31　创建黑色的圆

　　(4) 选择工具栏中的"骨骼工具"(),在黑色圆上按住鼠标左键不放,向钥匙尖方向拉动一段距离,并在鼠标光标未离开钥匙时松开鼠标左键,此时在"元件 1"与"元件 2"之间建立了一条骨骼链。其效果如图 9-32 所示。可以看到,在黑色圆与钥匙间出现了一条由粗渐细的线,这条线即表示二者之间的骨骼链。此外,在时间轴上又新增了一个骨架图层,且原"图层 1"中的黑色圆与钥匙均被移至该骨架图层中。

　　(5) 在骨架图层的第 90 帧处插入帧,则在骨架图层的第 1~90 帧之间自动生成了骨骼动画补间(骨骼动画补间为绿色),如图 9-33 所示。

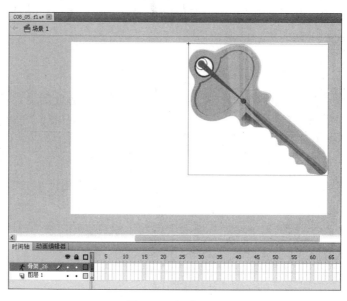

图 9-32　骨骼链图

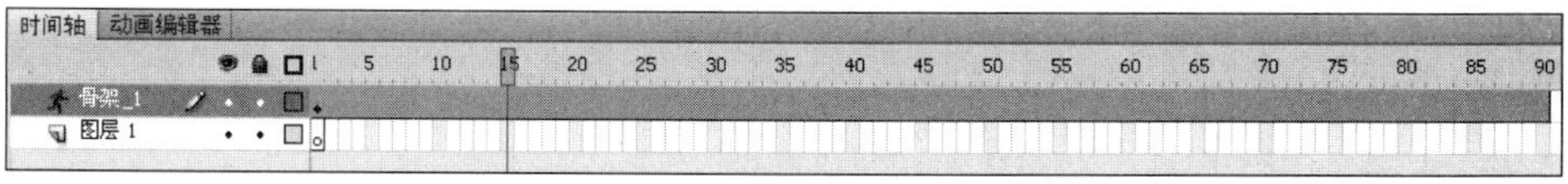

图 9-33　骨骼动画补间

（6）选中骨架图层的第15帧，拖动舞台中的钥匙，使其变为向下垂直（如图9-34所示），此时该帧变为关键帧，即在该帧处插入了一个"姿势"。

（7）按Ctrl＋Enter键观看最终动画效果，可以看到钥匙以圆孔为中心，由右摆动逐渐变为下垂，并且在后续帧中保持静止。

以上步骤实现了最基本的骨骼动画功能，即钥匙的自然下垂过程。但是在实际生活中，钥匙应该会由于惯性作用继续按顺时针方向旋转，当达到某一位置时再按逆时针方向旋转，并且不断重复此过程直至因阻力的作用而最终静止。为了模拟这一过程，Flash CS5中为骨骼工具新增了一个选项，即【启用弹簧】，并随之增加两个属性值——【弹簧强度】与【弹簧阻尼】。下面的步骤具体说明了它们的用法。

（8）选中骨架层，在【属性】面板中将【弹簧】一栏的【启用】选项激活（如图9-35所示）。

（9）选中步骤（4）建立的骨骼链，在右侧的【属性】面板中的【弹簧】一栏可以看到【强度】和【阻尼】两个值。将【强度】值设置为100，再次观看动画效果，会发现钥匙在向下垂直之后，由原来的静止改为继续做无阻力的摆动。【强度】的大小决定了后续的摆动动作幅度的大小。

（10）将【阻尼】的值设置为100。再次观看动画效果，会看到此时钥匙在向下垂直后虽然继续摆动，但摆动幅度越来越小，也就是说，钥匙在摆动的过程中受到了阻力。【阻尼】系数越大，受到的阻力越大。

图 9-34 将钥匙下垂

图 9-35 启用弹簧

　　注意：在激活【弹簧】属性以及更改【强度】、【阻尼】值之后，如果直接按 Ctrl＋Enter 键观看动画效果，则看不到任何变化。必须先选中插入姿势的关键帧的后续帧，使软件对后续帧的内容进行更新之后，再按 Ctrl＋Enter 键预览动画，才能看到更新参数之后的动画效果。这可以算作是 Flash CS5 中的一个 Bug。

第 10 章 声音的控制

要想使 Flash 动画的效果更加完美、内容更加丰富多彩,可以为其添加优美的背景音乐及形象生动的音效。Flash CS5 中提供了强大的音频数据处理功能,支持多种常用格式的音频文件,并可以实现声音的导入、编辑及播放控制等功能。

10.1 Flash CS5 支持的声音类型

1. WAV 格式

WAV 格式也被称为"波形声音文件(wave)",其文件后缀为 .wav,WAV 格式由微软公司开发,是 Windows 系统中最常用的音频文件格式之一。WAV 采用 44.1kHz 的采样频率,16 位量化数字,支持多种音频数字、取样频率和声道,WAV 格式文件的声音质量与 CD 几乎相同,因此文件大小与其他格式音频文件相比通常要大很多。

2. MP3 格式

MP3 格式是利用"MPEG Audio Layer 3"音频压缩技术,将音乐以 1∶10,甚至 1∶12 的比例压缩所得到的音频文件格式。MP3 格式与 WAV 格式相比,其音频质量相差很小,但其文件容量却小很多。因此,MP3 格式是目前网络上最受欢迎的音乐文件格式。

3. ASND 格式

ASND 格式是 Adobe Soundbooth 的本机声音格式,它是一种非破坏性的音频文件格式,是 Adobe Soundbooth 的原生格式,可以使用 Adobe Soundbooth 直接进行编辑。(注:Adobe Soundbooth 是 Adobe 公司自主出品的一款音频处理软件,可以与 Flash 等软件作为配套产品进行联合使用)

4. AIFF 格式

AIFF(Audio Interchange File Format,音频交换文件格式)是 Apple 公司开发的一种声音文件格式,被 Macintosh 平台所支持,Netspace Navigator 浏览器中的 LiveAudio 也支持 AIFF 格式。AIFF 格式支持 ACE2、ACE8、MAC3 和 MAC6 压缩,支持 16 位 44.1kHz 立体声。

10.2 声音文件的导入

Flash CS5 中声音文件的导入有两种方法:静态导入及动态加载。静态导入是指在制作 Flash 动画时先将声音文件导入到 Flash 文件的库中,再从库中添加到舞台中。因此声音信息是包含在发布的 SWF 文件中的；而动态加载是利用 ActionScript 语言中的音频加载函数 LoadSound()，在 SWF 文件的播放过程中，根据 LoadSound 函数的地址参数加载相应的音频文件。相比而言，动态加载方法比静态导入的方法功能更加强大、灵活，但使用起来更加复杂。

实际上，动态加载的方法属于 ActionScript 脚本语言部分的内容，详见第 12 章，这里不做详细介绍，本章只介绍静态导入声音文件的方法。

【例 10-1】

(1) 新建一个 Flash 文件，将其另存为 C10_01.fla。

(2) 选择菜单栏中的【文件】|【导入】|【导入到库】(如图 10-1 所示)，在弹出的对话框中选择需要导入的声音文件，单击【打开】按钮(如图 10-2 所示)。此时声音文件已经被导入到当前 Flash 文件的库中。开发者可以在舞台右侧的【库】面板中查看(如图 10-3 所示)。

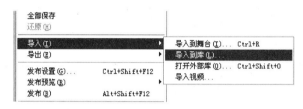

图 10-1　导入到库

图 10-2　【导入到库】对话框

除此之外，开发人员还可以使用 Flash CS5 的公用库中包含的一些常用的声音效果，其方法是：选择菜单栏中的【窗口】|【公用库】|【声音】，然后将弹出的公用库对话框(如图 10-4 所示)中的声音拖动到舞台的库中即可。

下面的步骤是将声音添加到时间轴上。

(3) 将舞台的库中的声音文件(本例中为 Rainbow.mp3)拖动到舞台中，这时会发现舞台上并没有显示任何对象，但时间轴上图层 1 的第 1 帧上出现了蓝色的波形图(如图 10-5 所示)。

图 10-3　导入声音文件预览

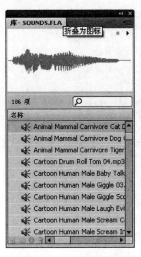

图 10-4　公用库对话框

图 10-5　加入声音文件

（4）在时间轴的第 90 帧上右击，选择【插入帧】，则可以看到，第 1～90 帧出现了蓝色的波形图（如图 10-6 所示）。此时声音已成功添加到时间轴中。

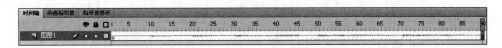

图 10-6　在第 90 帧处插入关键帧

（5）按 Ctrl＋Enter 键观看最终的动画效果，可以听到 3～4s 的声音（当帧频是 24fps 时）。

需要特别说明的是，事实上声音是添加到了时间轴上的块中，因此同一舞台中可以在不同的块中添加不同的声音。但同一个块中只能同时存在一个声音，若先后向某一个块中添加多个声音，则后添加的声音会覆盖先添加的声音。因此，如果想在某一时刻内同时播放多个声音，则需要将其放入不同的层中。

10.3　设置声音属性

当添加声音之后，可以选择包含声音的某一帧，在舞台右侧的【属性】面板中可以设置声音的属性（如图 10-7 所示）。

1.【效果】属性

【属性】面板中【声音】一栏可以设置【效果】属性。打开【效果】对应的下拉菜单，可以设置以下 8 种声音效果（如图 10-8 所示）：

（1）无：表示不应用任何声音效果。

（2）左声道：表示只在左声道播放声音。

（3）右声道：表示只在右声道播放声音。

（4）向右淡出：表示左声道声音由大到小，同时右声道声音由小到大。

图 10-7　设置声音的属性

图 10-8　【效果】属性

（5）向左淡出：表示右声道声音由大到小，同时左声道声音由小到大。

（6）淡入：表示声音随时间由小到大。

（7）淡出：表示声音随时间由大到小。

（8）自定义：选择【自定义】效果，弹出【编辑封套】对话框（如图 10-9 所示），其中上面的坐标系表示左声道的声音效果，下面的坐标系表示右声道的声音效果。在坐标系中，横坐标表示时间，纵坐标表示某一时刻该声道的音量大小。动画开发人员可以通过编辑坐标系内的曲线得到想要的效果。

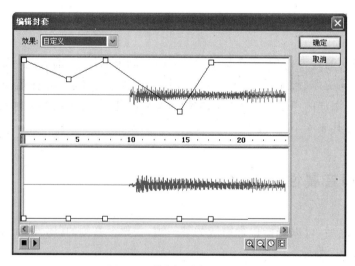

图 10-9　【编辑封套】对话框

2. 【同步】属性

事件：表示该声音作为一个独立的事件进行播放。【事件】属性声音在其所在块的起始关键帧处开始播放，并且其播放过程不受时间轴的限制。也就是说，即使 swf 文件已经停止播放，该声音也继续播放，直至声音文件完整播放完毕。事实上，事件声音是在播放之前先定义一个"实例"，然后独立播放该实例。例如，若一个事件声音的实例正在播放的过程中，又需要重新播放该事件声音的另一个实例，则前一个实例继续播放，而新的实例声音则从开始处播放,并且两个实例同时进行且互不冲突。

开始:与事件声音功能相似,不同之处在于当一个声音实例正在播放而又需要重新播放该声音的另一个实例时,则不会播放新的声音实例。

停止:当声音被设置为【停止】属性时,该声音不会被播放。

数据流:数据流与事件属性刚好相反,数据流被强制与帧同步。也就是说,数据流声音会随时间轴上的每一帧的播放而播放,当 swf 文件停止播放时,声音也停止播放。

3.【重复/循环】属性

重复:声音重复播放指定的次数(重复次数在该属性选项的后面,可以对其进行修改)。

循环:声音无限次重复播放。

10.4　为按钮添加声音

第 7 章介绍按钮元件的创建及使用方法。由前面内容可知,按钮共有"弹起"、"指针经过"、"按下"、"单击"四种状态。在 Flash CS5 中可以为这四种状态各自添加声音以实现按钮被单击等事件的音效。

【例 10-2】

(1) 新建一个 Flash 文件,另存为 C10_02.fla。

(2) 选择菜单栏中的【插入】|【新建元件】(快捷键 Ctrl+F8),在【创建新元件】对话框中将【类型】选项变为【按钮】并单击【确定】按钮,此时已创建了一个按钮元件。

(3) 在元件编辑窗口中选择菜单栏中的【文件】|【导入】|【导入到舞台】(快捷键 Ctrl+R),打开.../Example/chapter 10/Button.gif 文件,将按钮导入到舞台中央(如图 10-10 所示)

(4) 按照例 10-1 中的步骤,将一段声音导入到 Flash 文件的库中。

(5) 在元件编辑窗口中新建一个图层,将其命名为"声音"(如图 10-11 所示)。

(6) 在"声音"层的"单击"帧处插入关键帧,同时在"图层 1"的"单击"帧处插入帧。选中"声音"层的"单击"帧,将库中的声音拖入到舞台中。此时时间轴上的效果如图 10-12 所示,可以看到,在"声音"层的"单击"帧中加入了声音的波形图。

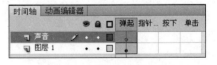

图 10-11　新建"声音"图层

图 10-10　按钮导入效果

图 10-12　时间轴上的效果

(7) 返回主场景,将按钮元件拖入到舞台中央。

(8) 按 Ctrl+Enter 键观看最终的动画效果。可以看到,动画舞台中有一个【开始】按钮,当单击该按钮时开始播放之前导入的声音。

第 11 章　视 频 处 理

视频的输出和嵌入式视频的控制是本章的重点部分,也是 Flash CS5 中比较重要的部分,视频是图片和动画处理的更高级部分。

11.1　视频的输出

Adobe Flash CS5 Professional 是一种功能强大的工具,可以将视频镜头融入基于 Web 的演示文稿中。FLV 和 F4V(H.264)视频格式具备技术和创意优势,允许将视频、数据、图形、声音和交互式控制融为一体。FLV 或 F4V 视频可以轻松地将视频以几乎任何人都可以查看的格式放在网页上。选择的部署视频方式决定了创建视频内容和视频与 Flash 集成的方式,可以用以下方式将视频融入 Flash 中。

1. 使用 Adobe Flash Media Server 流式加载视频

可以在 Adobe Flash Media Server(专门针对传送实时媒体而优化的服务器解决方案)上承载视频内容。Flash Media Server 使用实时消息传递协议(RTMP),该协议设计用于实时服务器应用(如视频流和音频流内容)。可以承载用户的 Flash Media Server 或使用承载的 Flash Video 流服务(FVSS)。Adobe 已经与一些内容传送网络(CDN)提供商建立了合作伙伴关系,可提供能够跨高性能、可靠的网络按需传送 FLV 或 F4V 文件视频的承载服务。FVSS 是使用 Flash Media Server 构建的,而且已直接集成到 CDN 网络的传送、跟踪和报告基础结构中,因此,它可以提供一种最有效的方法,向尽可能多的观众传送 FLV 或 F4V 文件,省去了设置和维护流服务器硬件和网络的麻烦。

若要使用视频流创建 Flash 应用,则要将本地存储的视频剪辑导入到 Flash 文档中,然后上传到服务器。若要控制视频播放并提供直观的控件方便用户与视频流进行交互,则可使用 FLVPlayback 组件或 Adobe ActionScript。

2. 从 Web 服务器渐进式下载视频

如果无法访问 Flash Media Server 或 FVSS,或者需要来自仅包含有限视频内容的低容量网站的视频,则可以考虑渐进式下载。从 Web 服务器渐进式下载视频剪辑的效果比实时效果差(Flash Media Server 可以提供实时效果),但是,可以使用相对较大的视频剪辑,同时将所发布的 SWF 文件的大小保持为最小。

若要控制视频回放并提供直观的控件方便用户与视频进行交互,则可使用 FLV-Playback 组件或 ActionScript。

3. 在 Flash 文档中嵌入视频

可以将持续时间较短的小视频文件直接嵌入到 Flash 文档中，然后将其作为 SWF 文件的一部分发布。将视频内容直接嵌入到 Flash SWF 文件中会显著增加发布文件的大小，因此这种方式仅适合于小的视频文件（文件的时间长度通常少于 10s）。此外，在使用的 Flash 文档中嵌入较长的视频剪辑时，音频和视频会出现不同步的问题。将视频嵌入到 SWF 文件中的另一个缺点是，在未重新发布 SWF 文件的情况下无法更新视频。

若要将视频导入到 Flash 中，则必须使用以 FLV 或 H. 264 格式编码的视频。利用视频导入向导（【文件】|【导入】|【导入视频】）检查选择导入的视频文件；如果视频不是 Flash 可以播放的格式，则会出现提示窗口。如果视频不是 FLV 或 F4V 格式，则可以使用 Adobe Media Encoder 以适当的格式对视频进行编码。

4. 导出 QuickTime 视频文件

使用 Flash 可以创建 QuickTime 影片（MOV 文件），在计算机中安装 QuickTime 插件可以播放这些影片。当用户使用 Flash 创建用于视频内容的标题序列或动画时需要经常这样做。发布的 QuickTime 文件可以 DVD 形式分发，或者合并到其他应用程序中，如 Adobe Director 或 Adobe Premiere Pro。如果正在使用 Flash 创建 QuickTime 视频，那么可以将发布设置设定为 Flash 3、Flash 4 或 Flash 5。QuickTime Player 不支持 Flash Player 5 以后的更高版本的 Flash Player。

11.2　制作网络流式视频文件

FLV 是一种全新的流媒体视频格式，它利用网页上广泛使用的 Flash Player 平台，将视频整合到 Flash 动画中。网站的访问者只要能看 Flash 动画，自然也能看到 FLV 格式的视频，而无须再额外安装其他视频插件，FLV 视频的使用给互联网视频的传播带来了便利。Flash 提供了可用于将视频导入到 Flash 中、将视频融入到 Flash 文档中，以及播放视频的多种方法。

1. 使用 Flash Media Server 流式加载视频

在流传送过程中，每个 Flash 客户端都打开一个到 Flash Media Server 的持久连接，并且传送中的视频和客户端交互之间存在受控关系。Flash Media Server 基于用户可用带宽，使用带宽检测传送视频或音频内容。因此，可以根据用户访问和下载内容的能力来提供不同的内容。例如，如果用户用拨号调制解调器访问视频内容，那么可以传送不需要太大带宽的经过恰当编码的文件。

Flash Media Server 还提供高品质的服务规格、详细的跟踪和报告统计信息，以及一系列旨在提升视频体验的交互式功能。与渐进式下载一样，视频内容（FLV 或 F4V 文件）独立于其他 Flash 内容和视频播放控件。因此，可以轻松地添加或更改内容，而无须重新发布 SWF 文件。

与嵌入和渐进式下载的视频相比，使用 Flash Media Server 或 FVSS 传送视频流具备以下优势：

（1）与其他集成视频的方法相比，回放视频的开始时间更早。

（2）由于客户端无须下载整个文件，因此流传送使用较少的客户端内存和磁盘空间。

（3）由于只有用户查看的视频部分才会传送给客户端，因此网络资源的使用变得更加有效。

（4）由于在传送媒体流时媒体不会保存到客户端的缓存中，因此媒体传送更加安全。

（5）流视频具备更好的跟踪、报告和记录能力。

（6）使用流传送可以传送实时视频和音频演示文稿，或者通过 Web 摄像头或数码摄像机捕获视频。

（7）Flash Media Server 为视频聊天、视频信息和视频会议应用程序提供了多向和多用户的流传送。

（8）通过使用服务器端脚本控制视频和音频流，可以根据客户端的连接速度创建服务器端播放曲目、同步流和更智能的传送选项。

2. 使用 Web 服务器渐进式下载视频

利用渐进式下载，可以使用 FLVPlayback 组件或开发人员编写的 ActionScript 程序将多个外部 FLV 或 F4V 文件加载到一个 SWF 文件中，并在运行时播放这些文件。视频内容独立于其他 Flash 内容和视频回放控件，因此更新视频内容相对容易，可以不必重新发布 SWF 文件。

与嵌入的视频相比，渐进式下载有如下优势：

（1）在创作过程中，仅发布 SWF 文件界面即可预览或测试部分或全部的 Flash 内容。因此能更快速地预览，从而缩短重复试验的时间。

（2）在传送过程中，将第一段视频下载并缓存到本地计算机的磁盘驱动器后，即可开始播放视频。

（3）运行时，视频文件从计算机磁盘驱动器加载到 SWF 文件中，并且没有文件大小和持续时间的限制。不存在音频同步的问题，也没有内存的限制。

（4）视频文件的帧速率可以不同于 SWF 文件的帧速率，从而提高了媒体丰富内容创作的灵活性。

3. 导入视频以用于渐进式下载或流式加载

导入已部署在 Web 服务器、Flash Media Server 或 Flash 视频数据流服务（FVSS）上的视频文件，或选择存储在本地计算机上的视频文件，将该视频文件导入到 FLA 文件后，再将其上传到服务器上。

（1）选择【文件】|【导入】|【导入视频】将视频剪辑导入到当前的 Flash 文档中，如图 11-1 所示。

（2）选择要导入的视频剪辑。可以选择位于本地计算机上的视频剪辑，也可以输入已上载到 Web 服务器或 Flash Media Server 的视频的 URL。

① 若要导入本地计算机上的视频，则选择【使用播放组件加载外部视频】。

② 若要导入已部署到 Web 服务器、Flash Media Server 或 FVSS 的视频，则选择【已经部署到 Web 服务器、Flash Video Streaming Service 或 Stream From Flash Media Server】，然后输入视频剪辑的 URL。

（3）选择视频剪辑的外观，可以选择：

① 通过选择【无】，不设置 FLVPlayback 组件的外观。

② 选择预定义的 FLVPlayback 组件外观之一。Flash 将外观复制到 FLA 文件所在的

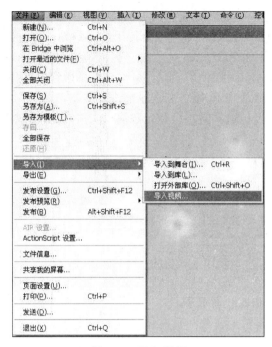

图 11-1　导入视频

文件夹中。

③ 输入 Web 服务器上的外观的 URL,选择自己设计的自定义外观。

(4) 视频导入向导在舞台上创建 FLVPlayback 视频组件,可以使用该组件在本地测试视频回放。创建完 Flash 文档后,如果要部署 SWF 文件和视频剪辑,那么将资源上载到承载视频的 Web 服务器或 Flash Media Server。

① 如果使用视频剪辑的本地副本上载视频剪辑(它位于通过.flv 扩展名选择的源视频剪辑所在的文件夹中)。Flash 使用相对路径(相对于 SWF 文件)来指示 FLV 或 F4V 文件的位置,可以在本地使用与服务器上相同的目录结构。如果视频此前已部署到承载视频的 FMS 或 FVSS 上,则可以跳过这一步。

② 视频外观(如果选择使用外观),为了使用预定义外观,Flash 将其复制到 FLA 文件所在的文件夹中。

③ FLVPlayback 组件。若要将 FLVPlayback 组件的 URL 字段编辑为向其上传视频的 Web 服务器或 Flash Media Server 的 URL,使用组件检查器(【窗口】|【组件检查器】)编辑 contentPath 参数。

11.3　嵌入式视频的控制

11.3.1　在 Flash 中嵌入视频

嵌入视频时,视频文件将成为 Flash 文档的一部分。视频被放置在时间轴中,可以在此查看在时间轴帧中表示的单独视频帧。由于每个视频帧都由时间轴中的一个帧表示,因此视频剪辑和 SWF 文件的帧速率必须相同。如果对 SWF 文件和嵌入的视频剪辑使用不同的帧速率,则回放时会不一致。若要使用可变的帧速率,则应使用渐进式下载或 Flash Media Server 流式加载视频。在使用这些方法中的任何一种导入视频文件时,FLV 或 F4V 文件都是自包含文件,其运行帧频与该 SWF 文件中包含的所有其他时间轴帧频都不同。

对于回放时间少于 10s 的较小视频剪辑,嵌入视频的效果最好。如果正在使用回放时间较长的视频剪辑,那么可以考虑使用渐进式下载的视频,或者使用 Flash Media Server 传送视频流。

嵌入视频的局限如下:

(1) 如果生成的 SWF 文件过大,那么可能会遇到问题。下载和尝试播放包含嵌入视频的大 SWF 文件时,Flash Player 会保留大量内存,这可能会导致 Flash Player 播放失败。

(2) 较长的视频文件(长度超过 10s)通常在视频剪辑的视频和音频部分之间存在同步问题。一段时间以后,音频轨道的播放与视频的播放之间开始出现差异,导致不能达到预期的收看效果。

(3) 若要播放嵌入在 SWF 文件中的视频,则必须先下载整个视频文件,然后再开始播放该视频。如果嵌入的视频文件过大,则可能需要很长时间才能下载完整个 SWF 文件,然后才能开始播放。

(4) 导入视频剪辑后,便无法对其进行编辑。如需修改,则必须重新编辑和导入视频文件。

(5) 在通过 Web 发布 SWF 文件时,必须将整个视频都下载到观看者的计算机上,然后才能开始视频播放。

(6) 在运行时,整个视频必须放入播放计算机的本地内存中。

(7) 导入视频文件的长度不能超过 16000 帧。

(8) 视频帧速率必须与 Flash 时间轴帧速率相同。设置 Flash 文件的帧速率以匹配嵌入视频的帧速率。

可以通过沿着时间轴拖动播放头(拖曳)来预览嵌入视频的帧。需要注意的是,在拖曳过程中不会回放视频音轨。要预览有声音的视频,应使用【测试影片】命令。

将视频嵌入到 SWF 文件的步骤如下:

(1) 选择【文件】|【导入】|【导入视频】将视频剪辑导入到当前的 Flash 文档中。

(2) 选择本地计算机上要导入的视频剪辑,如图 11-2 所示。

(3) 选择【在 SWF 中嵌入 FLV 并在时间轴中播放】。

(4) 单击【下一步】按钮。

(5) 选择用于将视频嵌入到 SWF 文件的元件类型。

① 嵌入的视频:如果要使用在时间轴上线性播放的视频剪辑,那么最合适的方法就是将该视频导入到时间轴上。

② 影片剪辑:将视频置于影片剪辑实例中可以获得对内容的最大控制。视频的时间轴独立于主时间轴进行播放。不必为了容纳该视频而将主时间轴扩展为很多帧,这样做会导致 FLA 文件难以使用。

③ 图形:将视频剪辑嵌入为图形元件时,将无法使用 ActionScript 与该视频进行交互。

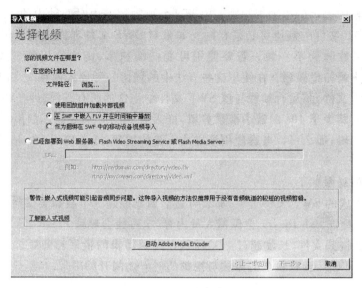

图 11-2　导入视频

通常,图形元件用于静态图像,以及创建一些绑定到主时间轴的可重用的动画片段。

(6)将视频剪辑直接导入到舞台(和时间轴)上或导入为库项目。

在默认情况下,Flash 将导入的视频放在舞台上。若仅导入到库中,则取消选中【将实例放置在舞台上】。如果要创建一个简单的视频演示文稿(带有线性描述,并且几乎没有交互),则接受默认设置并将视频导入舞台上。若要创建更为动态的演示文稿,并且需要处理多个视频剪辑,或者需要使用 ActionScript 添加动态过渡或其他元素,则将视频导入到库中。影片剪辑放入库中后,通过将其转换为更容易用 ActionScript 进行控制的 MovieClip 对象,可以对其进行自定义。

在默认情况下,Flash 会扩展时间轴,以适应要嵌入的视频剪辑的回放长度。

(7)单击【完成】按钮。视频导入向导将视频嵌入到 SWF 文件中。视频显示在舞台上还是库中取决于所选择的嵌入选项。

(8)在【属性】检查器(【窗口】|【属性】)中为视频剪辑指定实例名,然后对该视频剪辑的属性进行修改。

在外部编辑器中编辑嵌入的视频剪辑后对其进行更新,在【库】面板中选择视频剪辑。选择【属性】并单击【更新】按钮,即会用编辑过的文件更新嵌入的视频剪辑。初次导入该视频时选择的压缩设置,会重新应用到更新的剪辑。

11.3.2　使用时间轴控制视频播放

可通过控制包含该视频的时间轴来控制嵌入的视频文件的播放,例如,若要暂停在主时间轴上播放的视频,则可以调用将该时间轴作为目标的 stop()动作。同样,可以通过控制某个影片剪辑元件的时间轴的回放来控制该元件中的视频对象。

对影片剪辑中导入的视频对象可以应用以下动作:goTo、play、stop、toggleHigh-Quality、stopAllSounds、getURL、FScommand、loadMovie、unloadMovie、ifFrameLoaded 和

onMouseEvent。

若要对 Video 对象应用这些动作,则首先需要把 Video 对象转换为影片剪辑。

若要显示来自摄像头的实时视频流,则可使用 ActionScript。首先,将 Video 对象放置在舞台上,然后从【库】面板菜单中选择【新建视频】。

使用 Video.attachVideo 将视频流附加到 Video 对象。

使用 Adobe ActionScript,可以在运行时播放和控制外部 FLV 或 F4V 视频文件。使用 ActionScript,可以在 FLA 文件中创建交互和其他功能,仅使用时间轴是不能创建它们的。

第 12 章　脚本基础和实例

　　ActionScript 是 Flash 的脚本语言，开发人员可以通过脚本编程给 Flash 动画添加交互性。在 Flash CS5 中，脚本语言的版本与 Flash CS4 相同，仍旧是 ActionScript 3.0。ActionScript 3.0 语言的基本构架没有改变，但新增了对文本功能和 AIR2.0 进行支持的包，并且在 Flash CS5 中，ActionScript 3.0 提供了增强的代码提示与代码片段库功能，方便开发人员高效编程。本章从 ActionScript 3.0 脚本的基本语法和基本应用着手，详细讲解了语法、程序的设计方法，通过实例阐述了交互功能实现的方法，并重点介绍了 ActionScript 3.0 所提供的新功能及其使用方法。

12.1　ActionScript 语法简介

　　ActionScript 3.0 是一种强大的面向对象编程语言，它拥有处理各种人机交互、数据交互的功能，适合快速地构建效果丰富的互联网应用程序，这种应用程序已经成为 Web 体验的重要部分。首先介绍一下 ActionScript3.0 语法。

12.1.1　ActionScript 基本语法

1. 区分大小写
在 ActionScript 3.0 中是区分大小写的，大小写不同的标识符会被视为不同，例如：

```
var a: Number;
var A: Number;
```

这里 a 和 A 是两个变量，又如：

```
var sunshine: MovieClip;
var SunShine: MovieClip;
```

2. 使用点语法
使用点语法可以访问对象的属性，通过后跟点运算符和属性名或方法名的实例名来引用类的属性或方法。例如定义一个影片剪辑 movieclip，要查看 movieclip 的 x 轴坐标，可以这样写：movieclip. x;，如果要访问这个对象的 play 方法，可以写为 movieclip. play();，另外在导入包或导入类的时候也会使用到点语法。

3. 分号

分号用来结束语句,如果省略分号字符,那么编译器将假设每一行代码代表一条语句。在 ActionScript 3.0 的严格模式下,句尾不写分号编译器会报错。另外,分号可提高程序的可读性。

4. 小括号

小括号一般有三种用处:

(1) 改变运算的优先顺序,小括号中的运算总是最先执行;

(2) 可以结合逗号运算符来计算一个以上表达式,并返回最后的结果,例如 trace((a=a++,b=b++,a+b));

(3) 通过小括号可向函数或方法传递一个或多个参数,如 gotoAndPlay(2);。

5. 注释

ActionScript 3.0 代码支持两种类型的注释:单行注释和多行注释。这些注释机制与 C++ 和 Java 中的注释机制类似,编译器将忽略标记为注释的内容。合理使用注释可以提高程序的可读性;在调试程序时,如果不希望某段程序运行,那么可以通过把程序代码变成注释,加以屏蔽。

单行注释以两个正斜杠字符"//"开头并持续到该行的末尾。

多行注释以一个正斜杠和一个星号(/*)开头,以一个星号和一个正斜杠(*/)结尾。多行注释的使用方法为"/* 被注释的内容,可以是多行 */",注释的内容是不会执行的。

6. 关键字和保留字

关键字和保留字都是 ActionScript 里规定不能在代码中用作标识符的字。关键字包括词汇关键字和句法关键字,如果将词汇关键字用作标识符,则编译器会报告一个错误。表 12-1 列出了 ActionScript 3.0 词汇关键字。

表 12-1　ActionScript 3.0 词汇关键字

as	break	case	native	new	null
catch	class	const	包	private	protected
continue	default	delete	公共	return	super
do	else	extends	switch	this	throw
假	finally	for	更改为	真	try
函数	if	implements	typeof	use	var
import	in	instanceof	void	while	with
interface	internal	is			

句法关键字可用作标识符,但是在某些上下文中具有特殊的含义。表 12-2 列出了 ActionScript 3.0 句法关键字。

还有几个供将来使用的保留字。这些保留字不是为 ActionScript 3.0 保留的,但是其中的一些可能会被使用 ActionScript 3.0 的软件当作关键字,或者可能在未来版本的语言中作为关键字。表 12-3 列出了 ActionScript 3.0 保留关键字。

表 12-2 ActionScript 3.0 句法关键字

each	get	set
命名空间	include	动态
final	native	override
静态		

表 12-3 ActionScript 3.0 保留关键字

abstract	boolean	byte
cast	char	debugger
double	enum	export
long	prototype	short
synchronized	throws	更改为
transient	类型	virtual
volatile	float	goto
intrinsic		

7. 常数

ActionScript 3.0 用 const 语句来创建常量。常量是无法改变的固定值。只能为常量赋值一次,而且必须在最接近常量声明的位置赋值。例如,如果将常量声明为类的成员,则只能在声明过程中或者在类构造函数中为常量赋值。按照惯例,ActionScript 中的常量全部使用大写字母,各个单词之间用下划线"_"分隔。

12.1.2 ActionScript 语句

ActionScript 使用 if、for、while、do…while 和 for…in 语句来根据某个条件执行某个动作。

1. if 语句

判断一个条件是真(true)或假(false)的语句以 if 开头。如果条件成立,那么 ActionScript 执行 if 下的语句。如果条件不成立,那么 ActionScript 跳转到本代码块以外的下一条语句。else if 指定如果前面的条件是假(false)时可选的条件。

下面的语句用于测试几个条件:

```
if ((UserName==Bill) || (PassWord==123))
{
gotoAndPlay("WelcomeMovie");
}
else
{
gotoAndStop("Reject");
}
```

2. 重复执行动作

ActionScript 可以重复执行某个动作,可以按指定次数重复执行某个动作,或指定条件存在时重复执行某个动作。在 ActionScript 中,使用 while、do…while、for 和 for…in 创建动作循环,使用 break 语句立即终止一个循环。

(1) 当条件存在时重复执行某动作

使用 while 语句实现。while 循环先计算一个测试表达式,当测试表达式的值为真(true)时,执行循环体中的代码。待循环体中的每个语句被执行后,再次计算测试表达式,直到测试表达式的值为假(false),跳出循环。

也可以使用 do…while 语句创建与 while 循环同类的循环。在 do…while 循环中,表达式的计算在代码块底部进行,因而该种循环至少运行一次。

(2) for 语句使用内建计数器重复执行动作

for 循环使用计数器来控制循环运行的次数。先声明一个变量,然后写一个语句,在每次执行循环之后增加或减少该变量的值。

(3) 循环处理电影剪辑或对象的子项

使用 for…in 语句实现该功能。子项包括其他电影剪辑、函数、对象和变量。下面的例子使用 trace 动作在输出窗口打印循环处理的结果。

如果希望脚本可以重复处理特定类型的子项,如仅处理电影剪辑子项,那么可以使用 for…in 语句和 typeof 操作符。for…in 语句重复处理对象原型链中的对象属性。如果子对象原型是 parent,那么 for…in 也将重复处理 parent 的属性。

12.1.3　函数和对象

1. 使用预定义函数

函数是指在动画中任何地方都可以重用的 ActionScript 代码块。如果传递特定的值(参数)给函数,那么该函数将对这些值进行操作,并返回一个值。Flash 拥有一些预定义函数,使用这些函数可以访问某些信息,完成某些任务,例如,冲突检测(hitTest),获取最近一次按键的值(keycode),获取动画中设定的播放器版本号(getVersion)等。

2. 调用函数

可以从任何时间轴(包括已载入的电影剪辑)调用任一时间轴内的函数。调用函数的方法为使用函数名,并在圆括号中传递要求的参数。如果传递的参数多于函数所要求的个数,那么多余的值被忽略。

在正常模式调用函数的步骤如下:

(1) 使用 evaluate 动作,并在表达式输入框中输入函数名和要求的参数;

(2) 在另一个时间轴调用函数,使用目标路径。

Flash CS5 允许用户自定义函数来执行一系列语句,对传递过来的值进行操作,并可返回值。函数定义好以后,就可以从任何时间轴(包括载入动画的时间轴)调用它。可以把函数想象为一个"黑箱"。调用函数时给它提供输入(参数),它执行某些操作后产生输出(返回值)。在自定义函数中,最好对它的输入、输出和用途做详细的注释,使用户易于理解和使用。创建自定义函数有以下步骤。

（1）定义函数。和变量一样，函数是附属于定义它的电影剪辑的。当一个函数被重新定义时，新的定义取代旧的定义。定义函数，使用 function 动作，后跟一个函数名、要传递给函数的参数和指出该函数做什么的 ActionScript 语句。

也可以通过创建函数常量来定义函数。函数常量是指在表达式中、而不是在语句中声明的不命名的函数。可以用函数常量定义函数，返回它的值，把它赋给表达式中的变量。

（2）给函数传递参数。参数是函数代码处理的元素，当函数被调用时，必须把它要求的参数传递给它。该函数用传递过来的值取代函数定义中的参数。

3. 使用预定义对象

使用 Flash 的预定义对象可以访问某些种类的信息（如系统的日期和时间信息）。大多数预定义对象都拥有一些方法（分配对象的函数），可以通过调用这些方法，让其返回一个值或执行一种动作，例如，日期对象（Date）从系统时钟返回信息，声音对象（Sound）可以控制动画中的声音元素。

有些预定义对象拥有一些属性，可以读取这些属性的值。例如，按键对象（Key）拥有代表键盘按键的常数。每个对象都有自己的特点和能力，可以在动画中使用。表 12-4 列出了 Flash 的预定义对象。

表 12-4　Flash 的预定义对象

Array	Boolean	Color
Date	Key	Math
MovieClip	Number	Object
Selection	Sound	String
XML	XMLSocket	

电影剪辑实例用 ActionScript 对象表示，用户可以像调用其他 ActionScript 对象的方法一样调用预定义电影剪辑的方法。

（1）创建对象

有两种方法创建对象：使用 new 操作符和对象初始化操作符"{}"。可以用 new 操作符从预定义对象类或自定义对象类创建对象，也可以用对象初始化操作符创建类形式对象。

要使用 new 操作符创建对象，需要结合构造函数，构造函数特有的作用是创建某种类型的对象。ActionScript 的预定义对象是预先写好的构造函数，创建新对象就是实例化或创建预定义对象的副本，并给它分配该预定义对象的所有属性和方法。这类似于从库中把一个电影剪辑拖到动画的编辑区中。

可以在不实例化的情况下访问某些预定义对象的方法。

使用构造函数的每一个对象，在动作面板的工具箱中都有对应的元素。

在正常模式动作面板中使用 new 操作符创建对象的基本步骤如下：

① 选择 setVariable。

② 在 Variable（变量）域中输入标识符。

③ 在 Value（值）域中输入 new Object、new Color 等。在圆括号中输入构造函数要求的参数。

④ 选中值域(Value)的表达式复选框(Expression)。

如果不选中表达式复选框,那么输入"?"将被作为字符常量来处理。

在下面的代码中,从构造函数 Color 创建对象 c：c＝new Color(this)；(注：对象名是一种被赋给对象数据类型的变量)

在正常模式动作面板中使用对象初始化操作符"{}"创建对象的基本步骤如下：

① 选择 setVariable 动作。

② 在 Variable(变量)域中输入新对象的名字。

③ 在值(Value)域中输入初始化操作符{},在初始化操作符中输入属性名和值,二者之间用冒号分隔。如果有多个属性,那么属性与属性之间用逗号分隔。

(2) 访问对象属性

使用点操作符"."访问对象属性的值。对象名在点的左边,属性名在点的右边。

(3) 调用对象方法

调用对象的方法是使用点操作符,后接方法。在正常模式调用预定义对象的方法,使用 evaluate 动作。

(4) 使用电影剪辑对象

可以使用预定义电影剪辑对象的方法来控制编辑区电影剪辑图符的实例。

(5) 使用数组对象

数组对象是常用的预定义 ActionScript 对象,它在编号属性中存储数据,而不是在命名属性中。一个数组元素名被称为索引(index),这在存储和检索某种类型的信息方面是很有用的。

可以像给对象的属性赋值那样给数组对象的元素赋值,数组对象有一个预定义的长度属性(length),这是数组元素数的值。当数组对象的元素被赋值时,该元素的指数是一个正整数。

12.2 ActionScript 编辑器的使用

Flash CS5 提供了一个非常易用的 ActionScript 编辑器,本节介绍该编辑器的使用方法。

(1) 打开 Flash CS5,如图 12-1 所示,显示欢迎界面,新建 Flash 文件。

(2) 启动 ActionScript 编辑器。在 Flash CS5 中选择菜单栏中的【窗口】|【动作】命令(快捷键 F9),即可打开 ActionScript 编辑器,如图 12-2 所示。

从图 12-2 中可以看出,ActionScript 编辑器由四个部分组成。

1. 脚本面板

这个区域相当于一个文本编辑器,在这里可以输入脚本代码。而且,这个区域是"上下文敏感"的,也就是说,当在上面的工作区中选中了不同的界面元素(比如某个按钮、某一帧等),这里就会显示和界面元素相对应的脚本。

2. 脚本面板按钮

脚本编辑相关的工具栏,调试程序设置端点就需要使用这里面的按钮。

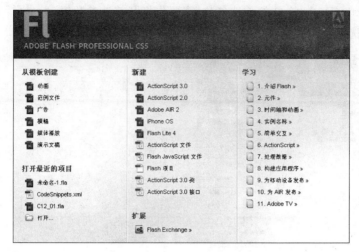

图 12-1　Flash CS5 的欢迎界面

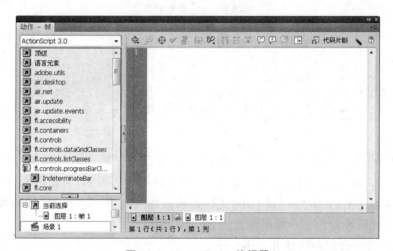

图 12-2　ActionScript 编辑器

3. 行为列表

该区域列出了 ActionScript 所提供的脚本命令，主要供不太熟悉 ActionScript 的用户使用。双击条目，或者将命名条目拖放到右边的脚本面板中即可向脚本中添加命令。

4. 脚本浏览器

这里列出了当前工作的项目中含有脚本程序的界面元素的列表，通过它可以快速浏览脚本，大大方便了程序的编写。

12.3　ActionScript 编辑器参数设置

无论是在动作面板还是脚本窗口中编辑 ActionScript 代码，都可以通过设置首选参数来配置输入的 ActionScript 代码的格式。

要设置 ActionScript 3.0 的首选参数,需要先打开首选参数窗口。执行下面的操作:选择【编辑】|【首选参数】,打开【首选参数】对话框,如图 12-3 所示。

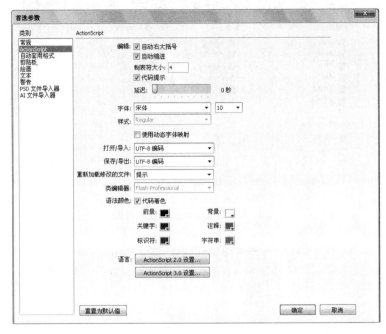

图 12-3 【首选参数】对话框

其中包括:

【编辑】:自动右大括号:填入左大括号"{"后按 Enter 键,ActionScript 3.0 会自动填充右大括号"}";自动缩进:自动调整所近距离,使代码阅读更顺畅;制表符大小:调整制表符大小;代码提示:在 Flash CS5 版本中,代码提示被加入到 ActionScript 代码编辑区的工具栏中,省略了代码提示的显示时间设置,此处默认为 0s。

【字体】:设置代码的字体和大小。

【样式】:设置字体的样式,一般不允许用户修改。

还有一些其他的功能如【导入】、【导出】、【语法颜色】,可对 ActionScript 代码进行一些简单的编辑。

在【首选参数】对话框的最下面有对 ActionScript 3.0 进行高级设置的选项,选择【语言】|【ActionScript 3.0 设置】,弹出如图 12-4 所示的对话框。

高级设置是对 ActionScript 3.0 代码库的设置,包括对 ActionScript 类文件夹路径设置、SWC 文件库路径设置和共享外部库的 SWC 文件路径设置。通过单击 图标来添加新路径,

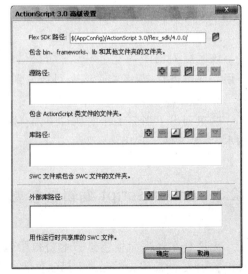

图 12-4 【ActionScript 3.0 高级设置】对话框

单击 ⊟ 图标来删除路径,单击 ▨ 图标来选择路径。

12.4　输出面板辅助排错

异常处理是指处理应用程序在编译时或运行时所发生的错误。如果应用程序能够处理异常错误,则在遇到错误时,应用程序会执行某些动作作为响应,并且引发该错误的进程在没有提示的情况下发生失败。正确使用异常处理有助于防止应用程序和应用程序的使用者执行其他意外行为。

本节重点讲解处理运行时错误的方法、异常的不同类型以及 ActionScript 3.0 的错误处理系统。

(1) 异常(Exception)是指在程序运行时发生的错误,这些错误是运行时环境(即 Flash Player)无法自行解决的。

(2) 运行时错误是指在 Adobe Flash Player 中运行 ActionScript 内容的 ActionScript 代码中所出现的错误。要确保平稳地运行 ActionScript 代码,就必须在应用程序中编写能够处理该错误的代码,即修正该错误,解决该问题,至少让用户知道产生了什么错误。此过程称为“错误处理”。

(3) 捕获(Catch)异常是指如果发生了异常(即运行时错误),并且代码注意到了该异常,则认为该代码“捕获”了该异常。捕获异常后,Flash Player 将停止,并通知其对应的 ActionScript 代码发生了异常。

(4) 运行时错误可以分为以下两类:

程序错误:指 ActionScript 代码中的错误,比如为方法参数指定了错误的数据类型。

逻辑错误:指程序的逻辑(数据检查和值处理)错误。

在 ActionScript 3.0 编程过程中,最常见的错误处理是同步错误处理逻辑,可以在处理逻辑中在适当的位置插入响应的语句,以便在运行时捕获同步错误。这种错误处理能够使应用程序在功能失败时注意到发生运行时错误并从错误中恢复。同步错误捕获逻辑中使用 try…catch…finally 语句,这种方式将先尝试(try)某个操作,然后捕获(catch)来自 Flash Player 的任何错误响应,最后(finally)执行另外的操作来处理失败的操作。

Flash 中所包含的错误类是 Flash Player 应用程序编程接口(API)的一部分,而不是 ActionScript 核心语言的一部分。这些错误类位于 flash. error 包中,不同的类对应了不同类别的异常错误处理。

在 ActionScript 3.0 中包含的错误类有七种,如表 12-5 所示。

① 输入输出异常是指当某些对象的输入或输出操作失败时,将会引发 IOError 异常。例如,如果在尚未连接的或已断开连接的服务程序上尝试读/写操作,将引发 IOError 异常,如图 12-5 所示。

② 读取异常是指在读取某些数据时,超出了数据的范围,从而引发的异常,例如在读取数组的时候,当索引超过数组长度的时候,就会引发异常,如图 12-6 所示。

表 12-5　七种错误类

类	说　明
EOFError	如果尝试读取的内容超出可用数据的末尾,则会引发 EOFError 异常
IllegalOperationError	当方法未实现或者实现中未涉及当前用法时,将引发 IllegalOperation-Error 异常
InvalidSWFErro	Flash Player 遇到损坏的 SWF 文件时,将引发此异常
IOError	某些类型的输入或输出失败时,将引发 IOError 异常
MemoryError	内存分配请求失败时,将引发 MemoryError 异常
ScriptTimeoutError	达到脚本超时间隔时,将引发 ScriptTimeoutError 异常
StackOverflowError	可用于脚本的堆栈用尽时,将引发 StackOverflowError 异常

图 12-5　输入输出异常

图 12-6　读取异常

③ 堆栈异常是指当脚本资源被无限损耗时引发的异常。此异常常出现于无限递归,在此种情况下,需要将终止 case 语句添加到该函数中,如图 12-7 所示。

图 12-7　堆栈异常

④ 非法操作异常是指当方法未实现或者实现中未涉及当前用法时引发的异常。下面的示例尝试使用重载的 addChild()方法在舞台上增加显示对象,造成非法操作异常。使用文档类:IllegalOperationErrorExample,如图 12-8 所示。

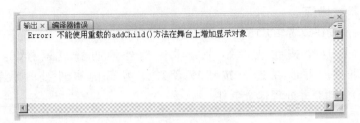

图 12-8　非法操作异常

12.5　使用 ActionScript 控制影片剪辑

事件是推动 Flash 程序运行的灵魂,可以说,没有事件就没有 Flash 程序,正是因为有了丰富的事件,Flash 程序的交互才能够得以实现。开发 Flash 程序时,程序员需要预先估计程序应该处理哪些事件,以及如何处理这些事件。例如对一个按钮,是否只需要处理用户单击按钮所触发的事件,如果需要按钮对用户的更多操作做出反应,就需要添加相应的事件处理代码。

事件处理代码的结构都是一样的,用自然语言来描述就是:

当这个事件发生时 (事件名称)
{
　　　执行这些操作
}

12.5.1　鼠标和键盘事件

鼠标事件是应用最多的事件,当鼠标状态发生改变时,Flash 相应做出反应,以实现交互性。

1. 鼠标按下

如果某个界面元素(比如一个按钮或者一个影片剪辑的实例)的代码中含有鼠标按下 on(press)这样的事件处理代码,那么当用户在这个界面元素上按下鼠标时,on(press)后面的大括号中的代码就会被执行。

2. 鼠标释放

这个事件在鼠标释放(on(release))的时候发生,并且通常都是在 on(press)之后发生,有 press 才能有 release。例如,当需要处理用户单击某个按钮的事件时,就可以为这个按钮添加一个 on(release)事件处理。尽管在这种情况下,on(press)和 on(release)的作用是相似的,因为通常 press 之后总会 release,但还是应尽量使用 on(release),因为使用 on(press)会让按钮变得敏感,轻轻一按,代码立刻就被执行了,如果用户发现自己按错了,那么就没有补救措施了;而当使用 on(release)时,一旦用户发现按错了,可以按住鼠标按钮不放,将鼠标指针移动到按钮之外释放,这样代码就不会被执行,这是比较人性化的按钮行为。

3. 在外部释放鼠标

当用户在某个按钮或者影片剪辑实例上按下鼠标(注意:是按下鼠标按钮不放),然后拖动鼠标指针,在这个按钮或者影片剪辑实例外面再释放鼠标,这时就会发生 releaseOutside 事件。可以在这个按钮或者影片剪辑的事件处理代码中添加 on (releaseOutside)来捕获并处理这个事件。

4. 鼠标悬停

当鼠标指针停留在某个界面元素上面时,rollOver 事件就会发生。这个事件最典型的应用是用来制作鼠标指向某个按钮或者影片剪辑实例时产生的反馈效果,如按钮颜色变化、弹出菜单或者执行其他的一些操作。

5. 鼠标移出

这个事件和 rollOver 是相对的,很显然,当鼠标指针在一个界面元素上方运动时产生 rollOver 事件,那么鼠标指针移出这个界面对象的时候就会产生 rollOut 事件。rollOut 事件的处理和 iherollOver 事件的处理经常是成对出现的,如果想捕捉 rollOver 事件,在 on (rollOver)中弹出了一个菜单,那么很显然还需要捕捉 rollOut 事件,在 on(rollOver)中添加适当的代码将弹出的菜单隐藏起来,否则菜单就会一直显示在界面上。

6. 拖动掠过

拖动操作很简单,就是鼠标在某个对象上按下以后不释放,然后拖动鼠标。dragOver 事件就是当鼠标指针处于拖动状态时,经过某个对象时发生的事件。

7. 拖动移出

拖动移出事件 dragOut 和 dragOver 恰好相反,是当鼠标处于拖动状态下时从一个对象上移动出去时发生的事件。

8. 键盘事件

当需要捕捉用户的按键操作时需要使用这个事件,需要捕获用户按下方向键左键的操作时可以使用 On(keypress"")。

12.5.2　鼠标和键盘事件实例

前面简要介绍了几种常用的鼠标事件,下面就通过一个完整的例子来综合运用一下这些事件。

首先建立一个场景,向其中添加三个影片剪辑实例,名称分别为 hand_mc、message_txt、eventTrapper_btn 和 dragTest_mc,hand_mc 用来替换鼠标,message_txt 是一个动态文本,显示反馈信息,eventTrapper_btn 是按钮实例,用来捕捉各种鼠标事件,dragTest_mc 则用来演示拖动事件的处理。

1. 自定义鼠标

经常需要在 Flash 程序中使用自定义的鼠标指针,在下面这个例子中,将把鼠标指针换成自定义的外形。进入主场景,选择第 1 帧,在脚本面板中输入以下代码:

```
stop ();
    Mouse.hide();
    startDrag ("hand_mc", true);
```

```
Message_txt.text="开始鼠标事件试验";
```

第一句代码是 stop()，也就是让影片播放到这里停下来一边等待用户的操作，Mouse. hide()隐藏鼠标指针，紧接着 startDrag 开始对影片剪辑实例 hand_mc 的拖动操作，由于前面已经将鼠标指针隐藏，因此这个命令现在的作用相当于将鼠标指针替换为一个图标。 startDrag 后面有两个参数，第一个参数的作用很明显，将影片剪辑实例 hand_mc 作为拖动对象；而后面的 ture 则是将影片剪辑实例的中心和鼠标指针的中心锁定，如果设置为 false， 那么影片剪辑的中心将会和鼠标在场景内首次单击点的位置锁定。在这个例子中，使用 startDrag 命令的目的是模拟鼠标指针替换的效果，因此应当设置这个参数为 true。

2. 捕捉并处理事件

选中影片剪辑实例 eventTrapper_btn，进入脚本面板，在这里可以编写一系列的事件处理代码。前面介绍了多个和鼠标相关的事件，这里就将其中一个捕获，注意观察它们之间的异同。

```
on (rollOver) {
  message_txt.text="鼠标浮动事件";      }
on (rollOut) {
  message_txt.text="鼠标移出事件";      }
on (press) {
  message_txt.text="鼠标单击事件";      }
on (dragOut) {
  message_txt.text="鼠标在当前对象上按下左键后拖出";      }
on (release) {
  message_txt.text="鼠标释放事件";      }
```

以上几个是比较简单的事件，下面再来处理稍微复杂一些的事件。

选择影片剪辑实例 dragTest_mc，然后在代码面板中输入下列代码。

```
on (dragOver) {
this._alpha=this._alpha-10;   }
```

当用户按下鼠标左键并在 dragTest_mc 上拖动时，这个事件内部的代码就会被执行。 this 变量已经了解过，它的作用就是引用当前的对象(也就是 dragTest_mc)，_alpha 是它的一个属性，代表透明度，这里通过一个简单的运算来逐次降低其透明度，最终的效果类似于图像被橡皮擦掉一样。

再选择按钮 eventTrapper_btn，为其添加下列代码：

```
on (releaseOutside) {
eventTrapper_btn._x=_root._xmouse;
eventTrapper_btn._y=_root._ymouse;      }
```

这段代码可以实现拖放效果，当用户在 eventTrapper_btn 上按下鼠标左键并拖动，鼠标在 eventTrapper_btn 外面释放时，releaseOutside 事件就会发生，在这个事件中，将 eventTrapper_btn 的位置(通过_x 和_y 坐标来定义)设置为当前鼠标释放时鼠标所处的坐标位置，按钮就会移动。

上面的例子是通过鼠标拖动的方式移动物体,下面试着用键盘来实现,选择 eventTrapper_btn,为其添加下列代码。

```
on (keypress" ") {
  eventTrapper_btn._x=eventTrapper_btn._x-6    }
on (keypress" ") {
  eventTrapper_btn._x=eventTrapper_btn._x+6    }
on (keypress" ") {
  eventTrapper_btn._y=eventTrapper_btn._y-6    }
on (keypress" ") {
  eventTrapper_btn._y=eventTrapper_btn._y+6    }
```

这四个事件的作用很明显,当用户按下鼠标左键时(发生 keypress 事件),将 eventTrapper_btn._x 的值减小 6 个单位。

12.5.3　影片剪辑和按钮

从前面的实例可以看出,影片剪辑的实例也可以拥有自身的事件处理代码。但是在使用影片剪辑实例事件时必须注意以下几个问题:

可以为影片剪辑实例添加原本由按钮捕捉的事件,如 rollOver、rollOut 等。不过要特别注意,影片剪辑实例虽然可以捕捉这样的事件,但是在这些事件的处理中不能直接引用其他的对象。可以在这个事件的处理中修改影片剪辑实例 dragTest_mc 的透明度,但是不要指望在其中简单地加上 message_txt.text="" 这样的代码就能修改舞台显示的内容。在执行过程中,这样的代码是不会有效果的,而且 Flash 不会报错,这经常会让初学者感到晕头转向。解决的方法有两个,一是用按钮代替影片剪辑,二是对上面的代码进行修改,改成:_root.message_txt.text="",这样程序就能够执行。_root 是 Flash 提供的一个内置对象,通过它可以准确地定位界面上的元素。

当某个影片剪辑实例被赋予了鼠标事件之后,鼠标指针在其上方会显示为一个手形,为了避免这种情况出现,可以让它捕捉 rollOver 事件,并加入下列代码。

```
on (rollOver) {
this.useHandCursor=false;    }
```

useHandCursor 的属性就是设置当鼠标在当前对象上悬浮时是否显示手形指针,默认值为 true,也就是显示手形指针,将其设置为 false 就不会显示了。

可以为按钮实例指定名称(后缀一般用_btn),不要弄混,按钮实例和影片实例还是有很多区别的,最重要的一点就是,按钮没有自己的时间线,而影片剪辑有自己的时间线。简单地说,这点区别在 this 的使用上面体现了出来,比如,为一个影片剪辑实例添加了下列事件处理代码:

```
on (press) {
this._rotation=30;    }
```

在影片剪辑实例上单击,影片剪辑实例将会发生旋转。但如果将这样的代码赋予一个按钮实例,那么当单击这个按钮时,将不会是按钮自身旋转,而是按钮的父对象旋转。

再来看一个前面举过的一个例子。

```
on (releaseOutside) {
eventTrapper_btn._x=_root._xmouse;
eventTrapper_btn._y=_root._ymouse;      }
```

如果需要使用一个影片剪辑代替按钮,那么可以在其内部添加特殊的标签(_up、_over、_down),然后编写相应的代码。另外,每个按钮都会有一个"热区",也就是单击有效的区域,通常就是按钮的图形覆盖的范围,如果需要修改这个区域的范围,那么可以使用影片剪辑实例的 hitArea 属性,例如:

```
myClipButton_mc.hitArea=_root.myHitClip_mc;
```

总体来说,按钮能实现的功能,影片剪辑都能实现,而影片剪辑能够实现的功能,按钮则未必能够实现。由于按钮是程序界面使用极其频繁的元素,提供专门的按钮类型可以提高设计的效率。

12.6　给帧、按钮、影片剪辑分配动作

在 Flash CS5 中可以给按钮分配动作,当用户单击按钮或把鼠标指针移到按钮上面时,分配给该按钮的动作就被执行。也可以给电影剪辑分配动作,当装载电影剪辑或播放电影剪辑到达某一帧时,分配给该电影剪辑的动作被执行。可以给按钮或电影剪辑的某个实例分配动作,而该图符的其他实例不会受到影响。

给按钮分配动作时,必须把该动作套在 on(mouse event)事件处理程序中,并指定触发该动作的鼠标或键盘事件。给电影剪辑分配动作时,必须把该动作套在 onClipEvent 事件处理程序中,并指定触发该动作的剪辑事件。当在正常模式中给电影剪辑分配动作时,onClipEvent 事件处理程序被自动插入。

下面的例子说明了怎样使用正常模式的动作面板给对象分配动作。

给按钮或电影剪辑分配动作的操作步骤如下:

(1) 在编辑区中选择按钮或电影剪辑实例(注:本例为电影剪辑实例),然后选择【窗口】|【动作】,如图 12-9 所示。

【动作】面板被打开,面板的标题显示为 Object Actions(对象动作),如图 12-10 所示。

如果选择的不是按钮、电影剪辑实例或帧,或如果选择中包含了多个对象,那么【动作】面板不可用。

(2) 给按钮或电影剪辑实例分配动作,可执行以下操作之一:单击动作面板左边工具箱列表中的 Actions(动作)文件夹,将其展开。然后,双击其中的一个动作(本例是双击 startDrag 动作,本动作设置动画中的对象可以用鼠标拖动),把它添加到该面板右边的动作列表中(在添加 startDrag 动作时,onClipEvent 事件处理程序被自动插入),如图 12-11 所示。

从工具箱列表把一个动作拖到动作列表,可以单击添加"＋"按钮,从弹出的菜单上选择一个动作;或者使用弹出菜单上每个动作旁边的快捷键。

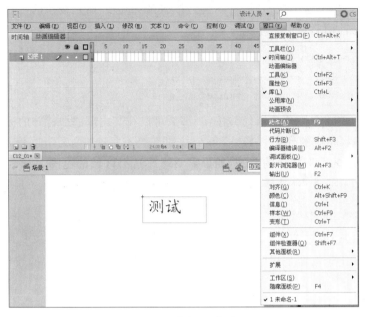

图 12-9 【窗口】菜单

图 12-10 【动作】面板

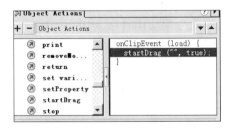

图 12-11 加入动作

(3) 需要时,在该面板下部的 Parameters(参数)域中为动作选择参数。参数随所选动作的不同而异。要了解每个动作所要求的参数,可以查看动作脚本词典。需要时可重复步骤(2)和(3),分配另外的动作。

一旦给对象分配了动作,就可以使用 Test Movie(测试动画)命令来测试它是否能正常执行。需要注意的是,大多数动作在编辑时是不起作用的,只有在测试时才能看到效果。

① 启动 Flash CS5,建立一个新场景文件,向其中添加一个影片剪辑,命名为 Movie_Set,进入这个影片剪辑的编辑状态。

② 向这个影片剪辑中添加三个帧(具体数量可以根据实际情况来设置),在每个帧中添加一个文本对象,适当设置内容。在后面的制作中,根据用户的输入,在这个影片剪辑内部的帧之间跳动播放从而实现对用户输入的反馈。在这个例子中,设置三个文本对象中显示

的内容分别是"开始计算"、"计算错误"和"计算成功",如图 12-12 所示。

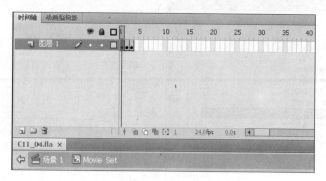

图 12-12 加入动作

③ 分别选择这三个帧,在下面的脚本面板中输入 this.stop()。

这个语句的作用非常简单,就是暂停影片播放。在下面的制作中,将把这个影片剪辑放到主场景中建立一个影片剪辑实例,并用这个实例向用户提供反馈,当然不希望用户还没有输入,这个影片剪辑就不断地跳动,否则就没有了交互。所以,用 stop() 语句让这个影片剪辑在每一帧播放完后立刻暂停下来。

这个语句中有个 this,这个变量有很多的功能,在影片剪辑内部使用 this,这个 this 就指影片剪辑本身,在影片剪辑实例中使用,它就指当前的影片剪辑实例本身。所以这是一个上下文相关的变量,使用时要格外小心,要搞清楚自己正在什么样的上下文中使用这个变量。

12.7 载入外部数据

1. 独立脚本文件

选择菜单中【文件】|【新建】选项,从"新建文档"对话框中选择【ActionScript 文件】,建立独立 .AS 文件,这种文件的最大优点是可以重复使用。比如在一个项目中建立的脚本可以放在独立的 .AS 文件中,其他项目要使用到类似的功能,就可以直接调用这个 .AS 文件中的代码。这样可以大大提高开发效率,减少代码的冗余程度。【新建文档】|【常规】面板—新建 AS 文档如图 12-13 所示。

2. 第一个脚本程序

下面通过一个非常简单的 ActionScript 程序来演示 ActionScript 的操作过程,虽然这个例子看上去有点小,但五脏俱全,它涵盖的 ActionScript 知识是比较全面。

(1) 外部数据文件

建立一个纯文本文件,命名为 example.txt,在其中输入内容,然后将其和示例场景存放到同一个文件夹当中,如图 12-14 所示。

(2) 文本文件数据加载

在前面,曾建立一个名为 example.txt 的文本文件,存在 .FLA 文件所在的目录下,这个文件中包含有程序需要读取的参数,现在要编写代码将这些数据读取出来。

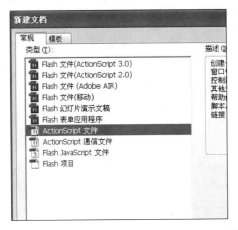

图 12-13 【新建文档】|【常规】面板—新建 AS 文档

图 12-14 新建文档

选中"脚本"层中的第 1 帧,然后打开【行为】面板,输入:

```
var externalData:LoadVars=new LoadVars();
externalData.onLoad=function(){
example _txt.text=externalData. example;}
externalData.load("example.txt");
```

var externalData:LoadVars=new LoadVars();这个语句的作用是建立一个 LoadVars 对象,将其命名为 externalData。

而紧接下来的三行语句是处理 externalData 对象的 onLoad 事件的代码。也就是说,当 externalData 对象加载的时候(onLoad),读取 externalData 对象的 example 属性并赋值给 界面上的 example _txt,从而就完成了将数据从文本文件中读取出来并显示在界面上的 过程。

(3) 用户输入数据的处理

这个减法运算的两个运算数一个是从文本文件中读取出来的,另一个是根据用户的 输入获得的,前面设置文本对象属性的时候已经将其中一个设置为"输入文本",用户可 以在其中输入数值。现在就是要处理当用户完成数值输入然后单击 Submit 按钮所要执 行的操作。

选择"脚本"层中的【提交】按钮,为其添加下列代码:

```
on (press) {
var minuend:Number=Number(minuend_txt.text);
var example:Number=Number(example _txt.text);
finalResult=minuend-example }
```

这段代码处理用户单击该命名按钮后需要执行的操作,这里的两个语句的作用是将界 面上的两个文本对象显示的内容转换成数值,并分别用两个变量 minuend 和 example 保 存,然后运算两者的差并保存到变量 finalResult 中。

Flash 程序输入数据有两种比较常用的方法:一是通过用户输入,通过一个"输入文本" 来实现;二是通过文本文件,通过建立 LoadVars 对象并调用其 Load 方法,然后再用

onLoad()事件处理中提取数据。在 On(Press)事件中,可以处理用户单击按钮的操作。使用影片剪辑实例的 gotoAndPlay()方法可以播放影片剪辑实例内部指定的帧。函数 Number()可以用来提取界面上的文本对象中显示的数字。

12.8 代码片段功能简介

代码片段是操作起来很方便的一个功能,能够提高一些代码的生产效率;还可以将代码片段导入/导出成 XML 格式的文件,作为备份或共享。

【代码片段】面板旨在使非编程人员能轻松使用简单的 ActionScript 3.0。借助该面板,可以将 ActionScript3.0 代码添加到 FLA 文件中以启用常用功能。使用【代码片段】面板不需要具备 ActionScript 3.0 的知识。允许非程序员应用 ActionScript 3.0 代码进行常见交互,而不需要学习 ActionScript。

利用【代码片段】面板,可以实现:

(1) 添加能影响对象在舞台上行为的代码;

(2) 添加能在时间轴中控制播放头移动的代码;

(3) 将创建的新代码片段添加到面板中。

使用 Flash 附带的代码片段也是 ActionScript 3.0 入门的一种好途径。通过学习片段中的代码并遵循片段说明,可以逐步了解代码结构和词汇。

12.8.1 代码片段的基本原则

(1) 许多代码片段都要求打开【动作】面板并对代码中的几项进行自定义,每个片段都包含对此任务的具体说明。

(2) 所有附带的代码片段都属于 ActionScript 3.0。ActionScript 3.0 与 ActionScript 2.0 不兼容。

(3) 有些片段会影响对象的行为,允许它被单击或导致它移动或消失。可以对舞台上的对象应用这些代码片段。

(4) 某些代码片段在播放头进入包含该片段的帧时引起动作立即发生。可以对时间轴帧应用这些代码片段。

(5) 当应用代码片段时,此代码将添加到时间轴中的"动作"图层的当前帧。如果没有创建"动作"图层,那么 Flash 将在时间轴中的所有其他图层之上添加一个"动作"图层。

(6) 为了使 ActionScript 能够控制舞台上的对象,此对象必须具有在属性检查器中分配的实例名称。

(7) 每个代码片段都有描述片段功能的工具提示。

12.8.2 将代码片段添加到对象或时间轴帧

要添加影响对象或播放头的动作,可通过执行以下操作来实现。

（1）选择舞台上的对象或时间轴中的帧。

如果选择的对象不是元件实例或 TLF 文本对象，则当应用该代码片段时，Flash 会将该对象转换为影片剪辑元件。

如果选择的对象没有实例名称，那么 Flash 在应用代码片段时添加一个实例名称。

（2）在【代码片段】面板中双击要应用的代码片段。

如果选择了舞台上的对象，Flash 将代码片段添加到包含所选对象的帧中的【动作】面板中。

如果选择了时间轴帧，Flash 只将代码片段添加到那个帧中。

（3）在【动作】面板中查看新添加的代码，并根据片段开头的说明替换任何必要的项。

将新代码片段添加到【代码片段】面板中。

可以用两种方法将新代码片段添加到【代码片段】面板中。

① 在【新建代码片段】对话框中输入片段。

② 导入代码片段 XML 文件。

12.8.3　自定义代码片段

（1）在【窗口】菜单中选择【动作】，在弹出的【动作—帧】窗口中输入需要生成代码片段的代码部分，并将该部分代码复制，也可以手动写入。

（2）选择【窗口】|【代码片段】，在弹出的【代码片段】面板的右上角单击 图标，选择【创建新代码片段】，弹出如图 12-15 所示的对话框。

图 12-15　【创建新代码片段】对话框

其中【标题】处填写该代码片段的名字；【工具提示】处填写代码片段的主要功能，以便通过功能直接使用该片段；【自动填充】按钮用来添加当前在【动作】面板中选择的任何代码；【代码】处书写代码片段的代码部分。

（3）如果代码中包含字符串"instance_name_here"，并且希望在应用代码片段时 Flash 将其替换为正确的实例名称，那么可以通过选中【自动替换 instance_name_here】复选框。Flash 将新的代码片段添加到名为 Custom 的文件夹中的【代码片段】面板中。

12.8.4　导入 XML 格式的代码片段

（1）在【代码片段】面板中单击右上角的 ![gear] 图标，在弹出的菜单中选择【导入代码片段 XML】。

（2）选择要导入的 XML 文件，然后单击【打开】按钮，即可导入 XML 格式的代码片段。

要查看代码片段的正确 XML 格式，从面板菜单中选择【编辑代码片段 XML】。要删除代码片段，在面板中右击该片段，然后从上下文菜单中选择【删除代码片段】。

下面介绍加入简单的代码片段的实例：

① 打开 Flash CS5，新建 Flash ActionScript 3.0 文档，设置值默认。

② 导入图片到舞台中，转换为影片剪辑元件。

③ 选中图片，转换为影片剪辑（如不转换，则系统会自动转换），在【属性】面板为影片命名（如不命名，则系统会为影片命名为"元件 1"），如图 12-16 所示。

④ 选中舞台中的元件，选择代码片段图标，打开【代码片段】面板，如图 12-17 所示。

图 12-16　自动创建的"元件 2"影片剪辑

图 12-17　【代码片段】面板

⑤ 单击"动画"文件夹前面的三角，展开文件。双击【淡入影片剪辑】，此时代码已写入时间轴中，可以测试影片了，如图 12-18 所示。

图 12-18　选中【淡入影片剪辑】

淡入影片剪辑的效果是直接在时间轴上加入一个新图层，并且直接在 ActionScript 代码编辑区域中写入相关代码，如图 12-19 所示。

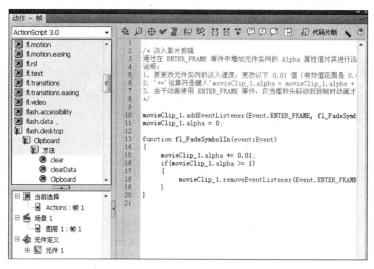

图 12-19　自动填充的代码

第 13 章 发布影片

13.1 测试和播放 Flash 影片

影片测试可以解决动画中存在的问题。制作完毕的动画需要反复测试、查找错误。还可以通过测试模拟影片在不同网络环境下的下载速度，使用户知道观看这个动画可能需要的时间。具体步骤如下：

（1）选择【控制】|【测试影片】菜单命令，或按 Ctrl＋Enter 组合键，打开如图 13-1 所示的影片测试界面，该测试界面包括动画播放窗口和带宽特性显示窗口两个部分。

图 13-1 测试影片界面

（2）在影片测试界面中选择【视图】|【带宽设置】菜单命令，弹出如图 13-2 所示的带宽设置显示图，该显示图用来查看动画的下载性能。

（3）测试完后关闭测试窗口，返回编辑窗口。

在 Flash CS5 中有两个用于测试作品的菜单命令：

① 选择【控制】|【测试影片】菜单命令，可以测试整个动画作品的播放。

② 选择【控制】|【测试场景】菜单命令，可以测试当前场景的动画播放。

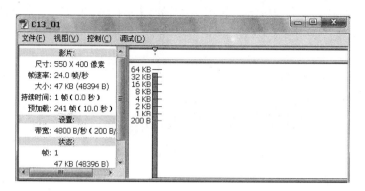

图 13-2 带宽设置显示图

13.2 输出 Flash 不同媒体

Flash CS5 可以将制作好的动画输出成如下 5 种不同的媒体形式：

（1）选择 Flash 影片（＊．swf）文件。导出的文件是动态 SWF 文件，只有在安装了 Flash 播放器的浏览器中才能播放，这也是 Flash 动画的默认保存文件类型。

（2）选择 WAV 音频文件（＊．wav）文件。仅导出影片中的声音文件。

（3）选择 Adobe Illustrator 序列文件（＊．ai）文件。保存影片中每一帧中的矢量信息，在保存时可以选择编辑软件的版本，然后在 Adobe Illustrator 中进行编辑。

（4）选择 GIF 动画（＊．gif）文件。保存影片中每一帧的信息，组成一个庞大的动态 GIF 动画，此时可以将 Flash 理解为制作 GIF 动画的软件。

（5）选择 JPEG 序列文件（＊．jpg）文件。将影片中每一帧的图像依次导出保存为 ＊．jpg 文件。

13.3 发布设置

可以将 Flash 影片发布成多种格式，而在发布之前需进行必要的发布设置，定义发布的格式以及相应的设置，以达到最佳效果。在【发布设置】对话框中可以一次性发布多个格式，且每种格式均保存为指定的发布设置，可以拥有不同的名字。下面介绍发布影片的方法。

13.3.1 总体发布设置

执行【文件】|【发布设置】命令，弹出【发布设置】对话框，默认情况下如图 13-3 所示。

选中【类型】选项组中的复选框，可以设置发布的文件类型，在【文件】下面的文本框中输入名称，为相应的文件类型命名。在发布影片后，以一个影片为基础，可以得到不同类型、不同名字的文件。

单击【确定】按钮选择保留设置,关闭【发布设置】对话框;单击【取消】按钮选择不保留设置,关闭【发布设置】对话框;单击【发布】按钮,立即使用当前设置来发布指定格式的影片。

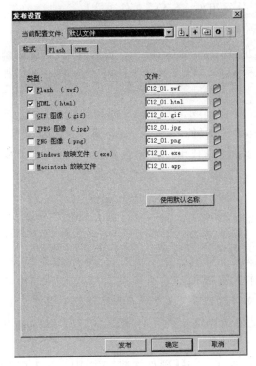

图 13-3 【发布设置】对话框

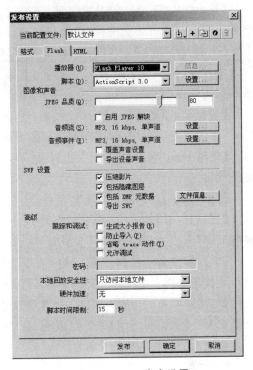

图 13-4 Flash 发布设置

13.3.2 Flash 发布设置

选择【发布设置】对话框中的【Flash】选项卡可以进行以下设置,如图 13-4 所示。

【Flash】选项卡中各项参数的含义如下:

【播放器】:设置观看影片时需要的最低版本。

【脚本】:设置观看或执行影片交互式动作时需要的动作脚本版本。

【JPEG 品质】:设置影片中所有 JPEG 文件的压缩率。

【音频流】和【音频事件】:设置影片中所有数据流声音与事件声音的压缩率。单击它们后面的【设置】按钮,在弹出的【声音设置】对话框中进行设置。

【覆盖声音设置】复选框:选择此项后,如果在【声音设置】对话框中进行设置,那么该选项将忽略所有在音频流和音频事件中的设置。

【导出设备声音】复选框:选择此项后,同时导出影片中的设备声音。

【压缩影片】复选框:可以压缩含有大量脚本和文件的 SWF 文件。

【包括隐藏图层】:默认情况下,将导出 Flash 文档中所有隐藏的图层。取消选择【包括隐藏图层】将阻止把生成的 SWF 文件中标记为隐藏的所有图层(包括嵌套在影片剪辑内的图层)导出。

【包括 XMP 元数据】:默认情况下,将在【文件信息】对话框中导出输入的所有元数据。

通过单击【文件信息】按钮打开此对话框。也可以通过选择【文件】|【文件信息】打开该对话框。在 Adobe Bridge 中选定 SWF 文件后，可以查看元数据。

【导出 SWC】：导出 SWC 文件，该文件用于分发组件。SWC 文件包含一个编译剪辑、组件的 ActionScript 类文件，以及描述组件的其他文件。

【生成大小报告】复选框：选择此项后，在发布影片后自动创建一个文本文件，其中包括影片中各帧的大小、字体以及导入的文件等信息。这个文件与影片文件同名，被保存在影片所在的文件夹中。

【防止导入】复选框：选择此项后，防止导出的影片被导入 Flash 进行编辑，选择此项后，可以设置密码，只有知道密码才可以导入影片进行编辑。

【省略 trace 动作】复选框：选择此项后，删除导出影片中的跟踪动作，防止别人查看文件源代码。

【允许调试】复选框：选择此项后，允许调试 HTML 文件中的 SWF 文件。

【密码】：如果添加了密码，则其他用户必须输入该密码才能调试或导入 SWF 文件。若要删除密码，则清除【密码】文本字段。

【本地回放安全性】：从【本地回放安全性】弹出菜单中选择要使用的 Flash 安全模型。指定是授予已发布的 SWF 文件本地安全性访问权，还是网络安全性访问权。【只访问本地文件】可使已发布的 SWF 文件与本地系统上的文件和资源交互，但不能与网络上的文件和资源交互。【只访问网络】可使已发布的 SWF 文件与网络上的文件和资源交互，但不能与本地系统上的文件和资源交互。

【硬件加速】：若要使 SWF 文件能够使用硬件加速，应从【硬件加速】菜单中选择下列选项之一：

(1)【第 1 级-直接】：该模式允许 Flash Player 在屏幕上直接绘制，而不是让浏览器进行绘制，从而改善播放性能。

(2)【第 2 级-GPU】：在该模式中，Flash Player 利用图形卡的可用计算能力执行视频播放并对图层化图形进行复合。根据用户的图形硬件的不同，它将提供更高一级的性能优势。

13.3.3 GIF 发布设置

使用 GIF 文件可以导出绘画和简单动画，以供用户在网页中使用。标准 GIF 文件是一种压缩位图。它是一种比较方便的输出 Flash 动画的方法。选择【发布设置】，选择【格式】选项卡，选中【GIF 图像】单选框，然后选择【GIF】选项卡，可以进行如图 13-5 所示的设置。

【GIF】选项卡中各项参数的含义如下：

【尺寸】：用于设置动画的尺寸，单位为像素。也可用默认设置【匹配影片】。

【回放】：用于控制动画的播放效果。【静态】导出的动画为静止状态；【动画】可导出连续播放的动画，此时如果选中【不断循环】单选按钮，动画可一直循环播放，选中【重复】单选按钮可设置重复播放的次数。

【选项】：由多个复选框组成。【优化颜色】用于除去动画中不用的颜色；【抖动纯色】使纯色产生渐变色效果；【交错】在文件没有完全下载完之前显示图片的基本内容，在网速较慢

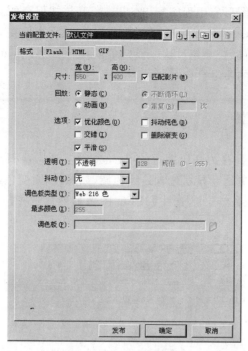

图 13-5　GIF 发布设置

时加速下载；【删除渐变】使用渐变色中的第 1 种颜色代替渐变色；【平滑】用于减少位图的锯齿，提高画面质量，但是平滑处理后会增加文件的大小。

【透明】：用于设置动画背景的透明度。可以设置成【不透明】，使背景成为纯色；【透明】使背景透明；Alpha 设置局部透明度，输入一个 0～255 之间的阈值，值越低，透明度越高。

【抖动】：用于确定像素的合并形式。抖动可以提高画面的质量，但会增加文件的大小。可以设置成【无】关闭抖动，并用基本颜色表中最接近指定颜色的纯色替代该表中没有的颜色。如果关闭抖动，则产生的文件较小，但颜色不能令人满意；【有序】可提供高品质的抖动，同时文件大小的增长幅度也最小；【扩散】可提供最佳品质的抖动，但会增加文件的大小并延长处理时间。只有选择【Web 216 色】调色板时，该选项才起作用。

【调色板类型】：下拉列表中可设置一种调色板用于图像的编辑。可以设置成【Web 216 色】使用标准的 Web 安全 216 色调色板来创建 GIF 图像，这样会获得较好的图像品质，并且在服务器上的处理速度最快；【最合适】可分析图像中的颜色，并为所选 GIF 文件创建一个唯一的颜色表。它对于显示成千上万种颜色的系统而言是最佳的；它可以创建最精确的图像颜色，但会增加文件的大小。若要减小用最适色彩调色板创建的 GIF 文件的大小，则应使用【最大颜色数】选项减少调色板中的颜色数量。【接近 Web 最适色】与【最适色彩调色板】选项相同，但是会将接近的颜色转换为 Web 216 色调色板。生成的调色板已针对图像进行优化，但 Flash 会尽可能使用 Web 216 色调色板中的颜色。如果在 256 色系统上启用了 Web 216 色调色板，那么此选项将使图像的颜色更出色。【自定义】指定已针对所选图像进行优化的调色板。自定义调色板的处理速度与【Web 216 色】调色板的处理速度相同。若要使用此选项，应先了解如何创建和使用自定义调色板。若要选择自定义调色板，则单击【调色板】文件夹图标（显示在【调色板】文本字段末尾的文件夹图标），然后选择一个调色板文件。Flash 支持由某些图形应用程序导出的以 ACT 格式保存的调色板。

【最多颜色】：当选择最适色或接近网页最适色时，该文本框变为可选，在文本框中可填入 0～255 之间的数值，可以去除超过这一设定值的颜色。当设定的数值较小时，可以生成体积较小的文件，但画面的质量会变差。

13.3.4   JPEG 发布设置

JPEG 格式可将图像保存为高压缩比的 24 位位图。通常，GIF 格式对于导出线条绘画效果较好，而 JPEG 格式更适合显示包含连续色调（如照片、渐变色或嵌入位图）的图像。选择【发布设置】，选择【格式】选项卡，选中【JPEG 图像】，然后选择【JPEG】选项卡，可以进行如图 13-6 所示的设置。

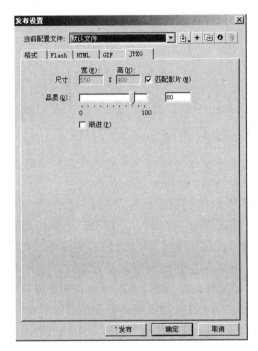

图 13-6   JPEG 发布设置

【JPEG】选项卡中各项参数的含义如下：

【尺寸】：可以设置导入的位图图像的大小。图像质量越好，则文件越大。

【品质】：通过调整滑块可以设置位图文件在 Flash CS5 动画中的 JPEG 压缩比例和画质。在文本框中输入的数值越大，位图质量越高，文件也越大。

【渐进】：如果被选中，在浏览器中可以渐进显示图像。如果网络速度较慢，这一功能可以加快图片的下载速度。

13.3.5   PNG 发布设置

PNG 是唯一支持透明度（Alpha 通道）的跨平台位图格式，它是 Adobe Fireworks 的默认文件格式。选择【发布设置】,选择【格式】选项卡,选中【PNG 图像】,然后选择【PNG】选项卡,可以进行如图 13-7 所示的设置。

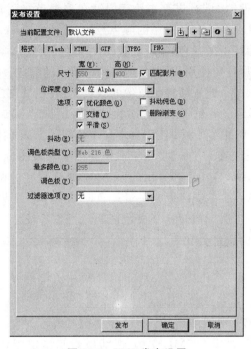

图 13-7　PNG 发布设置

【PNG】选项卡中各项参数的含义如下:

【尺寸】:可以设置导入的位图图像的大小。或者选择【匹配影片】使 PNG 图像和 SWF 文件大小相同并保持原始图像的高宽比。

【位深度】下拉列表:可以指定在创建图像时每个像素所用的位数,如果要选用上千种颜色,那么要选 24 位。位数越高,文件越大。

【选项】由多个复选框组成:【优化颜色】用于除去动画中不用的颜色;【抖动纯色】使纯色产生渐变色效果;【交错】在文件没有完全下载完之前显示图片的基本内容,在网速较慢时加速下载;【删除渐变】使用渐变色中的第 1 种颜色代替渐变色;【平滑】用于减少位图的锯齿,提高画面质量,但是平滑处理后会增加文件的大小。

【透明】:用于设置动画背景的透明度。可以设置成【不透明】,使背景成为纯色;【透明】使背景透明;Alpha 设置局部透明度,输入一个 0~255 之间的阈值,值越低,透明度越高。

【抖动】:将抖动应用于纯色和渐变色。开启抖动就是使用渐变色来代替颜色表中没有的颜色;关闭抖动就是使用纯色来代替颜色表中没有的颜色。不同程度的抖动都会增强显示效果,但是同时会增大文件大小和处理时间。

【有序】可提供高品质的抖动,同时文件大小的增长幅度也最小;【扩散】可提供最佳品质的抖动,但会增加文件的大小并延长处理时间。只有选择【Web 216 色】调色板时,该选项才起作用。

【调色板类型】下拉列表:可设置一种调色板用于图像的编辑。可以设置成【Web 216 色】使用标准的 Web 安全 216 色调色板来创建 PNG 图像,这样会获得较好的图像品质,并且在服务器上的处理速度最快；【最合适】选项分析图像中的颜色，并为所选 PNG 文件创建一个唯一的颜色表。它对于显示成千上万种颜色的系统而言是最佳的；它可以创建最精确的图像颜色，但会增加文件的大小。若要减小用最适色彩调色板创建的 PNG 文件的大小，则应使用【最大颜色数】选项减少调色板中的颜色数量。【接近 Web 最适色】与【最适色彩调色板】选项相同，但是会将接近的颜色转换为 Web 216 色调色板。生成的调色板已针对图像进行优化，但 Flash 会尽可能使用 Web 216 色调色板中的颜色。如果在 256 色系统上启用了 Web 216 色调色板，那么此选项将使图像的颜色更出色。【自定义】指定已针对所选图像进行优化的调色板。自定义调色板的处理速度与【Web 216 色】调色板的处理速度相同。若要使用此选项，则应了解如何创建和使用自定义调色板。若要选择自定义调色板，则单击【调色板】文件夹图标（显示在【调色板】文本字段末尾的文件夹图标），然后选择一个调色板文件。Flash 支持由某些图形应用程序导出的以 ACT 格式保存的调色板。

【最多颜色】：当选择最适色或接近网页最适色时该文本框变为可选，在文本框中可填入 0～255 之间的数值，可以去除超过这一设定值的颜色。当设定的数值较小时，可以生成体积较小的文件，但画面的质量会变差。

13.3.6　HTML 发布设置

在默认情况下，HTML 文档格式是随 Flash 文档格式一同发布的。要在 Web 浏览器中播放 Flash 电影，就必须创建 HTML 文档、激活电影和指定浏览器设置。选择【发布设置】对话框中的 HTML 选项卡可以进行以下设置，如图 13-8 所示。

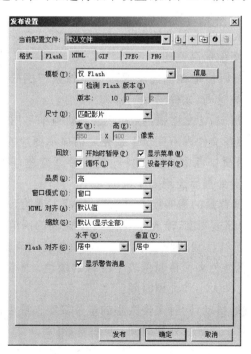

图 13-8　HTML 发布设置

HTML 选项卡中各项参数的含义如下：

【模板】：用于选择所使用的设计模板，这些模板文件均位于 Flash 应用程序文件夹的 HTML 文件夹中。

【检测 Flash 版本】：将文档配置为检测用户所拥有的 Flash Player 的版本，并在用户没有指定播放器时向用户发送替代 HTML 页面。

【尺寸】：设置影片的宽度和高度值，其中包括【匹配影片】、【像素】、【百分比】三个选项。

【回放】用于对发布的影片进行设置，其中包含以下几个项目：【开始时暂停】表示影片一开始处于暂停状态，只有当用户单击动画中的【播放】按钮或从快捷菜单中选择 Play 菜单命令后，动画才开始播放；【循环】使动画反复进行播放；【显示菜单】使用户在浏览器中右击时可以看到快捷菜单；【设备字体】项被选中后，可用反锯齿系统字体取代用户系统中未安装的字体。

【品质】：用于设置动画的品质，其中包括【低】、【中】、【自动降低】、【自动升高】、【高】和【最佳】六个选项。

【窗口模式】：用于安装有 Flash ActiveX 的 IE 浏览器，可利用 IE 的透明显示、绝对定位及分层功能。

【HTML 对齐】：用于决定动画窗口在浏览器窗口中的位置。

【缩放】的下拉列表：可以使用比例参数值定义影片在指定宽度和高度边界中的放置方式。

【Flash 对齐】：决定动画在动画窗口中的对齐情况。

【显示警告信息】：复选框被选中会在标签设置出错时显示警告信息。

13.3.7　其他发布设置

在【发布设置】对话框中选择【Windows 放映文件】或【Macintosh 放映文件】复选框，可生成相应的独立播放文件，在【发布设置】对话框中不会显示相应的选项卡。

13.4　优化影片

测试除了可以解决动画中存在的问题以外，还有一项重要的功能就是优化，优化后的影片体积较小，可以达到最佳的传播效果。影片的优化是指减小文件的大小，加快动画的下载速率。影片优化的方法有以下几种：

- 对动画中所有相同的对象用同一个元件引用得到。
- 尽量减少文本中使用的字体和样式。
- 对动画中的图形进行优化，用渐变动画代替逐帧动画。
- 对动画中的位图进行优化，各元素分层管理。
- 对动画中的音频设置合理的压缩模式和参数，建议使用 MP3 格式。

具体优化方法如下。

1. 元件

在影片中使用两次或两次以上的图形对象一定要转换为元件。因为元件均会被记录在【库】面板中。在制作影片的过程中，不用担心【库】面板中有多少对象，因为在输出影片的时候，影片只从【库】面板中提取用到的对象。也就是说，【库】面板中对象的多少与影片最终的大小没有关系。

2. 文字

应尽可能使用同一颜色、字号和字体的文字。而使用设备字体最安全，也最能减少文件的体积。另外，将文字分离并不能减少文件的体积，相反，它还会使文件变大，如果要重复使用量比较大的文本，建议将其转换为元件。

3. 图形

在绘制图形的时候应尽量避免使用实线以外类型的笔触样式，而自定义的笔触样式也会增加影片大小。在填充色方面，使用渐变色的影片文件也比使用单色的影片文件大一些，为了更好地显示影片，应尽量使用单色且最好为网络安全色。

不论是绘制的图形，还是从外部导入的矢量图形，最好能将其在形状状态下执行【修改】|【形状】|【优化】命令，对其中的曲线进行优化。减少一些不需要的曲线以减少文件大小，优化后会弹出优化报告。

另外，过多地使用【修改】|【形状】|【将线条转换为填充】命令、【修改】|【形状】|【扩展填充】命令以及【修改】|【形状】|【柔化填充边缘】命令都会造成影片文件增大。

比起逐帧动画，使用补间动画更能减少文件大小，应尽量避免连续使用多个关键帧。注意：删除没用的关键帧，即使是空白关键帧也会增加文件大小。

4. 位图

位图一般作为静止的背景图像，尽量避免使它运动。如果将位图转换为矢量图，还应对转换后的矢量图进行优化。导入的位图应在【库】面板中进行压缩，操作方法如下：

双击【库】面板中的位图图标，弹出【位图属性】对话框，选中【自定义】单选按钮，如图13-9所示，在【品质】后面的文本框中输入数值，对位图进行压缩。品质越高，影片越大；品质越低，影片越小。

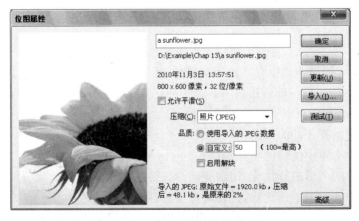

图 13-9 【位图属性】对话框

5. 声音

在使用声音文件的时候,应尽量使用 MP3 格式而避免使用其他格式,声音格式的选择顺序应遵循 MID、MP3、WAV 的顺序。

压缩声音的方法有两种,第一种是在【声音属性】对话框中对声音进行压缩。另外,根据声音的长度,可以选择更为合适的压缩格式,具体原则可以参看在声音章节中的详细介绍。第二种是在【发布设置】对话框中对声音进行压缩。执行【文件】|【发布设置】命令,在弹出的【发布设置】对话框中选择 Flash 选项卡,设置音频流与音频事件,弹出【声音设置】对话框,如图 13-10 所示。此时执行的优化处理将对影片中所有的声音文件都起作用。

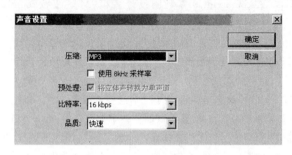

图 13-10　【声音设置】对话框

参 考 文 献

[1] 章精设,胡登涛. Flash Action Script 3.0 从入门到精通[M]. 北京:清华大学出版社,2008.

[2] Joey Lott,DarronScball,Keitbpeters. ActionScript 3.0 Cookbook [M]. 北京:电子工业出版社,2007.

[3] 吕辉. Flash/Flex ActionScript 3.0 交互式开发详解[M]. 北京:电子工业出版社,2008.

[4] Keith Peters 著. Flash ActionScript 3.0 动画设计教程[M]. 王汝义,译. 北京:人民邮电出版社,2008.

[5] 吕洋波. ActionScript 3.0 典型范例速查手册[M]. 北京:中国铁道出版社,2009.

[6] 蒋国强. ActionScript 3.0 完全自学手册[M]. 北京:机械工业出版社,2009.

[7] 王艳霞. Flash 动画广告创意与制作[J]. 福建电脑,2010,26(6):53,97.

[8] 王亚林. 三种方法在 Flash 中绘制运动轨迹[J]. 信息技术教育,2005(6):78-79.

[9] 奚林元. Flash 动画制作新探索[J]. 长沙民政职业技术学院学报,2009,16(1):129-130.

[10] 戴泽森. 初学 Flash 基础动画制作时需要注意的问题[J]. 中国西部科技,2009,8(34):34-39.

[11] 龙飞. 中文版 Flash 动画制作入门与案例[M]. 上海:上海科学普及出版社,2008.

[12] 牟向宇. Flash 项目案例教程[M]. 北京:中国水利水电出版社,2010.

[13] 新视角文化行. Flash CS5 动画制作实战从入门到精通[M]. 北京:人民邮电出版社,2010.

[14] (韩)车龙俊编著. Flash CS5 从新手到高手[M]. 樊丽娟译. 北京:中国青年出版社,2010.

[15] 刘刚. 浅析 Flash 动画及制作过程[J]. 电脑知识与技术,2009,5(15):4012-4013.

[16] 胡奇光,吴蓉晖. 基于 Flash ActionScript 3.0 的动画设计的研究[J]. 计算机与数字工程,2010,38(7):147-159.

[17] Keith Peters 著. Flash ActionScript 3.0 动画高级教程[M]. 苏金国,荆涛,等译. 北京:人民邮电出版社,2009.

[18] 关秀英,贺小霞,赵元庆,等. Flash CS4 商业动画、片头与网站设计案例精解[M]. 北京:清华大学出版社,2010.